향수의 계보학

THE GENEALOGY OF PERFUMES

향수의 계보학

현대 향수의 탄생부터 니치 향수까지

ISP 지음

piper
press

향수를 더 깊이 탐구하기 위한 안내서

저는 빈티지 향수를 수집하고 리뷰하고 있어요. 빈티지 향수란 보통 2000년대 이전 향수를 뜻합니다. 시간이 지나면 2010년대, 2020년대 향수도 빈티지 향수가 되겠지요. 수집의 계기가 된 향수는 겔랑의 샬리마였습니다. 지금 판매되고 있는 샬리마를 정말 좋아했는데요. 검색하다가 발견한 한 외국 블로그에서 샬리마는 꼭 빈티지를 맡아봐야 한다고 하더라고요. 어렵게 하나를 구했는데, 그렇게 향이 아름다울 수가 없었습니다. 그때부터 빈티지 향수를 하나둘 모으기 시작했어요.

빈티지 향수에는 몇 가지 특성이 있습니다. 우선 현대 향수에는 쓰이지 않는 향료가 들어갑니다. 특히 천연 향료는 멸종 위기 등의 이유로 사용이 금지되었거나, 가격이 너무 비싸 상업적으로 사용하기 어려운 경우가 많아요. 오래될수록 아름다워지는 향도 있어요.

바닐라나 샌달우드 같은 향은 시간이 지나면 향이 더 풍부해지는 특성이 있죠. 이런 특성 때문에 빈티지 향수의 향이 더 아름답게 느껴질 때가 많았습니다.

빈티지 향수를 모으다 보니 특정 시대의 향수는 비슷한 뼈대를 공유한다는 사실을 알게 됐어요. 1920년대에서 1930년대에는 샤넬 No.5의 영향으로 알데하이딕 플로럴 향수가 다수 출시됐습니다. 1970년대에는 그린 계열 향의 붐이 일었죠. 이런 향수들을 수집하면서 향수가 만들어진 시대와 트렌드에 영향을 끼친 요인에도 관심을 갖기 시작했어요. 당시 향수를 광고하면서 사용했던 이미지를 함께 살펴보면 사람들의 변화하는 인식은 물론, 특정 향조가 서양에서 어떤 이미지를 갖는지도 알 수 있었습니다.

크게 두 가지 이유로 빈티지 향수의 계보를 탐구합니다. 하나는 이 시대 사람들은 이런 향을 좋아했구나! 하는 것을 알게 되는 순수한 즐거움입니다. 이전 시대의 사람들이 이런 향을 풍기며 돌아다니고, 특별한 날에 손목에 한두 방울 뿌리며 행복한 표정을 짓는 것을 상상하면 저와 다른 시간, 공간에 살았던 사람들과 가까워지는 것 같아요.

또 하나는 우리가 싸구려 향이라는 편견을 갖고 있는 향의 원본을 경험하는 즐거움입니다. 흔하게 쓰이는 저렴한 향의 대부분은 복제본인데요. 거슬러 올라가면 원본이 있어요. 명품이 있으면 그 디자인이나 특징을 따라한 복제품이 생기고, 그 복제품의 복제품이 생기기를 반복하다가 결국 우리가 싸구려로 인식하는 물건이 탄생하는 것처럼요. 그 싸구려 물건에서 촌스럽다고 생각했던 요소를 원본에서 어떻게 표현했는지 확인해 보면, 심미적으로 매우 조화롭고 아름다울 때가 많아요. 우리가 티슈 냄새라고 부르는 화이트 플로럴 향의 원본은 매우 아름답습니다. 원래의 향을 아름답게 만들어줬던 비싼 향료가 싼 향료로 대체되고, 조화로웠던 다른 보조 향들이 탈락하면서 싸구려 향이 된 것이죠. 편견을 넘어 원본의 아름다움을 경험하는 일도 참 특별했습니다.

대부분의 창작은 기존의 틀에 무언가를 더하고 빼거나, 틀을 부숴버리는 방식으로 나타납니다. 향수도 다르지 않습니다. 1980년대에는 화려하고 강렬한 향이 유행했는데 직후인 1990년대에는 정반대로 중성적이고 깔끔한 향이 유행했습니다. 이런 계보를 알면 취향을 좀 더 구체적으로 탐구해 나갈 수 있어요. 어떤 향수가 너무 마음에 든다면, 그 향수가 과거의 어떤 향수에서 영향을 받아 만들어졌는지 알아보는 거죠. 그 향수가 지금까지도 나오고 있다면 향을 맡아보면서 비슷한 테마를 시대별로 어떻게 다르게 표현했는지 볼 수 있습니다. 레오나르도 다 빈치의 초상화와 피카소의 초상화가 다른 것처럼, 새로운 재료나 기법이 등장하고 사람들의 취향이 달라지면서 향수가 어떻게 변화해 왔는지 알 수 있어요.

내가 좋아하는 것이 향조인지, 표현 방식인지 깨닫는 계기이기도 해요. 같은 향조도 표현 방식은 계속 달라지는데요. 튜베로즈 향은 최근에는 그린하고 프레시한 향을 써서 균형감 있게 표현하지만, 과거에는 달콤하고 플로럴하게 표현했어요. 어느 쪽이 취향에 맞는지 알게 되면 향수 생활은 더 풍부해집니다.

하나의 향수에는 다양한 향조가 들어가요. 향조들을 어떤 방식으로 조합하고 표현하느냐에 따라 향수의 느낌이 달라집니다. 향조의 표현 방식에 영향을 미치는 중요한 요소가 시대상입니다. 이 세상에 존재하는 모든 것들이 그렇듯, 한 시대에 유행하는 향은 당시의 사회적 맥락, 문화, 기술 등의 영향을 받습니다. 샤넬의 No.5는 화학물질의 일종인 알데하이드가 과도하다고 느껴질 만큼 많이 들어간 향수인데요. 알데하이드를 추출하고 합성해 낼 기술이 없었다면 만들어질 수 없었겠죠.

물론 유행하는 향을 시대별로 무 자르듯 분류할 수 있는 것은 아닙니다. 입생로랑의 오피움은 1977년에 출시되었지만 1980년대에 엄청나게 인기를 끌었고, 1980년대에 나온 여러 향수들에 매우 큰 영향을 끼쳤어요. 2000년대 초반에 유행하던 음악과 2000년대 후반에 유행하던 음악의 느낌이 다르듯 시대 안에서도 조금씩 차이가 있죠.

각 시대를 풍미했던 쟁쟁한 고전 향수의 세계로 여러분을 안내합니다. 향수는 단순한 기호품을 넘어, 동시대 문화를 상징하는 아이콘이었습니다. 시대별 향수를 살펴보며 문화적 흐름, 현재까지 영향을 미치고 있는 다채로운 향의 표현 방식을 읽어냅니다. 샤넬 No.5, 디올 디오리시모처럼 현재까지 사랑받는 향수부터 지금은 만나기 어려운 향수들까지 상징적인 향수들의 등장으로 향의 표현법이 어떻게 바뀌었는지 들여다봅니다.

목차

"

신이 고사리에게 향을 주었다면
푸제르 로열 같은 향이 날 것이다.

조향사 폴 파케

1

1900년대와 그 이전

현대 향수의 태동

✛　현존하는 가장 오래된 향수, 지키

향수 역사를 다루는 글을 보면 늘 고대 메소포타미아나 이집트, 그리스에서부터 시작하곤 합니다. 그러나 이 책은 모던 퍼퓨머리, 즉 현대 향수만을 다루려고 합니다. 그렇다면 현대 향수란 무엇일까요? 과학과 기술의 발전으로 합성 향료를 넣을 수 있게 되면서 탄생한 향수입니다. 화학이 발전하며 자연에 존재하는 여러 물질에서 특정 향을 내는 화학 물질을 추출할 수 있게 됐는데, 이것을 합성 향료라고 해요.

초기 현대 향수를 다룰 때 가장 중요한 향수는 바로 겔랑의 지키입니다. 에펠탑 착공 2년 후, 메르세데스 벤츠 첫 차의 장거리 주행 성공 1년 후, 에펠탑과 물랑 루즈가 대중에게 개방된 해인 1889년 파리 만국 박람회에서 출시되었으니 정말 오래된 향수입니다.

지키는 현재까지 중간에 단종되지 않고 계속 생산된 가장 오래된 향수입니다. 이 향수를 현대 향수의 시초로 보는 이유가 몇 가지 있습니다. 우선 통카빈에서 추출한 합성 향료인 쿠마린을 넣은 최초의 향수들 중 하나입니다. 합성 바닐린을 넣은 것도 처음이었어요. 이름도 꽃이나 자연물, 어떤 심상이나 장소를 뜻하지 않습니다. 그저 '지키'일 뿐입니다. 샤넬의 No.5처럼 이름 자체에서는 아무것도 떠

겔랑 지키 | Jicky

오르지 않는 향수지요. 일설에 의하면 조향사 에메 겔랑Aimé Guerlain 이 사랑했던 여성의 별명이라는 말도 있고, 조카인 자크 겔랑 Jacques Guerlain의 별명이라는 말도 있습니다. 겔랑에서도 굉장히 중요한 향수인데요. 우리가 겔리나드Guerlinade라고 부르는 겔랑 특유의 잔향을 처음으로 정립한 향수이기 때문입니다.

게다가 이 향수는 여성과 남성 모두를 타기팅했습니다. 원래는 남성 고객들을 상정했는데, 잘 팔리지 않자 여성 고객들에게 팔기 시작했다고 해요. 타깃을 바꾸고 나서 잘 팔리기 시작했다고 하죠. 이런 점에서는 곧이어 다룰 우비강의 푸제르 로열과도 비슷한 점이 많습니다.

지키를 쓴 유명인은 숀 코너리, 재클린 케네디 오나시스, 세르주 갱스부르, 사라 베르나르 등이에요. 성별에 상관없이 썼다는 것을 알 수 있습니다. 제가 갖고 있는 빈티지 지키는 1938년에서 1945년 사이에 나온 보틀입니다. 현재의 지키는 겔랑의 레전더리 컬렉션에서 직구할 수 있습니다.

겔랑의 지키는 제게는 시향하기 굉장히 힘든 향수였습니다. 베르가못과 라벤더, 로즈마리와 가죽, 그리고 겔리나드 특유의 앰버와 바닐라, 머스크로 끝나는데요. 저는 로즈마리 향을 별로 좋아하지 않습니다. 게다가 어릴 때 택시 안에서 멀미한 이후로 특정 방식으로 표현한 가죽 향을 맡으면 굉장히 울렁거리고 거부감이 들어요. 지키에 들어가는 가죽 향이 바로 그런 향이었어요. 새 자동차와 빤딱빤딱한 검은 뒷좌석 등을 연상시켰죠. 향을 맡는 순간, 울렁거리기 시작해서 아쉽게도 지키의 아름다움을 즐기기 어려웠습니다. 하지만 제 주변에는 이 향수를 즐기는 사람도 있어요. 그냥 좋다는 사람부터 사고 싶다는 사람 등 반응이 다양합니다. 저의 개인적인 반응 때문에 이 향수를 싫어하는 분은 없었으면 좋겠습니다.

✛   바버샵 향수의 시작, 푸제르 로열

19세기 말의 또 다른 중요한 향수는 바로 우비강의 푸제르 로열 (1882)입니다. 푸제르 로열이 없었다면 남성향 향수들의 상당수가 사라졌을 겁니다. 모든 푸제르 계열 향수의 시초이자 자신의 이름을 계열로 남긴 대단한 향수지요. 푸제르 자체는 프랑스어로 고사리라 는 뜻인데, 실제 고사리에서는 푸제르 향이 나진 않아요. 조향사 폴 파케 Paul Parquet는 "신이 고사리에게 향을 주었다면 푸제르 로열 같 은 향이 날 것"이라고 말했다고 하죠.' 푸제르 로열은 쿠마린을 최 초로 쓴 향수이자 푸제르 계열 향수의 기본 골조인 라벤더-오크모 스-라다넘을 정립한 향수입니다.

광고 포스터를 보면 당시의 남성성을 엿볼 수 있어요. 근육을 강 조한 것이 아닌, 정장을 잘 차려입은 모습으로 표현되었어요. 1930 년대 까롱의 뿌르 엉 옴므 광고 포스터에서도 이렇게 정장을 입은 남성을 볼 수 있습니다.

푸제르 로열은 생각보다 부드럽습니다. 제게는 1930년대 혹은

• CaFleureBon, CaFleureBon Legends Of Modern Perfumery: Houbigant, Paul Parquet & Robert Bienaimee + Vintage Fougere Royale & Quelques Fleurs Perfume Draw, 2014. 1. 16.

우비강 푸제르 로열Fougere Royale 광고 포스터

그 이전의 빈티지 푸제르 로열 오 드 코롱 두 병이 있는데요. 푸제르 로열의 라벤더는 1970년대 이후 남성 향수에 많이 쓰인 마초적인 라벤더보다 훨씬 아늑하고 따뜻한 느낌이었습니다. 라벤더 향은 표현 방법에 따라 캐러멜 같은 향을 내기도 하고, 플로럴하기도 하고, 말린 라벤더 같은 허브와 약 냄새를 연상시키기도 해요. 푸제르 로열에서는 베르가못과 함께 허브한 라벤더가 주가 되고 살짝만 달콤하다가, 통카빈과 바닐라 향으로 넘어가고, 애니멀릭한 머스크와 씁쓸한 오크모스가 섞입니다. 잔향은 바닐라의 따스한 향으로 마무리됩니다.

까롱의 뿌르 엉 옴므보다 조금 더 씁쓸하고 애니멀릭하다는 차이가 있지만 두 향수 다 부드럽고 따뜻하며 아름답습니다. 우비강의 푸제르 로열은 2010년에 잠깐 재출시되었다가 단종되고, 현재 다시 판매되고 있어요. 새 버전은 더 플로럴하고 우디한 향이 있어 빈티지 버전의 향과는 좀 차이가 있다고 합니다. 푸제르 로열의 빈티지 버전은 구하기 매우 어려워서 대부분의 독자들이 맡아보기 어려우실 거예요. 하지만 지금의 푸제르 로열과 빈티지 버전의 향 차이가 커서, 역사적인 중요성은 차치하더라도 빈티지 푸제르 로열의 향 자체를 꼭 소개하고 싶었습니다.

푸제르 계열 향은 전통적으로 바버샵에서 애프터쉐이브 등의 형

우비강 푸제르 로열

태로 많이 쓰였기 때문에 바버샵 향수라고도 합니다. 톰 포드의 보드 주르(2020), 디에스 앤 더가의 버닝 바버샵(2010), 이스뜨와 드 퍼퓸의 1725 카사노바(2001), MDCI의 인베이젼 바바르(2005) 등이 모두 푸제르 로열에 빚지고 있습니다.

✛   코롱의 전통

서양에는 프레시하고 가벼운 시트러스 향의 오랜 역사가 있어요. 코롱이라고 불리는 향입니다. 4711의 오리지널 오 드 코롱은 1792년에 나왔다는 설과 1799년에 나왔다는 설이 있는데요. 이때부터 꾸준히 만들어졌고 코롱의 전통을 보여주는 향수이기 때문에, 비록 현대 향수는 아니지만 다루고 싶었습니다. 18세기 말에 향수는 지금처럼 좋은 향을 내는 용도로도 썼지만, 당시 사람들은 나쁜 공기가 몸을 안 좋게 한다고 생각했기 때문에 약용으로 많이 사용했어요. 상쾌하고 향긋한 향수를 뿌려 좋은 공기를 만들면 건강해진다고 생각했죠.

1709년에 쾰른에서 만들어진 쾰른의 물, 즉 오 드 코롱 이후로 서양에서 꾸준히 이어진 시트러스 코롱의 전통을 4711의 오리지널 오 드 코롱에서 찾아볼 수 있습니다. 사실 이 향수는 빈티지를 구하는 것이 큰 의미가 없어요. 워낙 프레시한 향이라 빈티지는 대부분 향이 변했을 확률이 높거든요. 제가 소장한 향수도 2020년 것입니다.

향은 시트러스와 네롤리 향이 주가 되어 정말 프레시하고, 잎사귀 같은 향에 쌉쌀한 향이 섞여 있어 가벼워요. 기분 전환하기 딱 좋

1900년대 혹은 그 이전으로 추정되는 4711 오리지널 오 드 코롱Eau de Cologne 포스터

죠. 지금은 천연 베르가못을 쓸 수 없어 베르가못의 풍부함을 느끼기는 어렵지만, 그럼에도 불구하고 상쾌하고 기분이 개운해지는 향입니다. 지속력도 그렇게 나쁘지 않아요. 게다가 저렴합니다.

"

시프레는 조향사가 창조한 꿈의 정원이다.
그 안에는 대조와 균형, 그리고 감각의 깊이가 있다.

조향사 장 클로드 엘레나

2

1910년대

부드러운 향과
시프레의 탄생

✛   화려한 시대를 회상한 향수

1910년대는 1914년부터 1918년까지 일어난 1차 세계 대전 시기와 그 전으로 나뉩니다. 1차 세계 대전을 겪고 나서 충격을 받은 유럽인들은 프로이센-프랑스 전쟁이 끝난 1871년부터 1차 세계 대전이 일어나기 전까지의 시기를 아름다운 시대, 벨 에포크Belle Époque라고 불렀어요. 평화, 풍요, 경제 성장으로 긍정적인 분위기가 가득했던 시대였기 때문입니다. 1차 세계 대전 이후 사회가 황폐해지고, 독일에서는 급격한 인플레이션이 발생하며, 이성과 합리성에 대한 믿음이 사라진 시대가 오자 과거에 노스탤지어를 느꼈던 거죠.

르누아르의 그림은 벨 에포크 시기 파리의 밝고 화려하고 긍정적인 모습을 잘 보여줍니다. 과학과 기술의 발전으로 1878년 파리 샹젤리제 거리에 처음으로 전기 가로등이 생겼고, 사람들은 밝아진 밤거리를 즐겼어요. 식민지를 수탈하며 얻은 부로 이전보다 이국적인 음식을 먹기도 쉬워졌고, 화학의 발전으로 염료가 발달하면서 옷의 색도 화려해졌습니다. 1856년 최초의 화학 염료인 연한 보라색의 모브mauve가 등장한 이후, 염색 산업계는 점점 더 다양한 색을 만들어냈어요. 유럽과 미국은 바야흐로 풍요의 시대를 누리고 있었습니다.

겔랑 뢰르 블루L'heure Bleue 광고 포스터

이 시대의 미감을 표현한 향수가 겔랑의 뢰르 블루(1912)입니다. 뢰르 블루는 1920년대에서 다룰 미츠코, 샬리마와 함께 겔랑의 3대 고전 향수라고 불리기도 해요. 뢰르 블루는 자크 겔랑이 어느 날 프랑스어로는 푸른 시간이라고 부르는 어스름한 저녁, 센강을 산책하다가 어떤 감정을 느꼈고, 그것을 표현할 방법이 향수뿐이라 만들었다고 해요. 이 향은 코티의 로리간(1905), 겔랑의 아프레 롱데(1906)와도 비슷합니다. 저는 뢰르 블루를 1970년대 빈티지와 2000년대에 나온 제품으로 가지고 있는데요. 향의 차이는 크지 않습니다. 현재는 겔랑 레전더리 컬렉션에서 출시하고 있지만, 한국에는 들어오지 않아 직구로 구매할 수 있습니다.

뢰르 블루의 아름다움은 서정적인 느낌에서 옵니다. 매콤하고 스파이시한 아니스 노트로 시작해서, 파우더리한 헬리오프로프와 아이리스가 너무 스파이시하지 않게 향을 가라앉혀주고, 천천히 겔리나드라고도 부르는 겔랑 특유의 바닐라와 앰버, 레더와 인센스가 섞인 잔향으로 변해요. 1970년대 빈티지 버전의 잔향은 오렌지 블로섬, 자스민, 장미 향으로 훨씬 플로럴했지만, 2000년대 버전은 바닐라향이 더 강했습니다. 전체적으로 파우더리하고 포근한 향입니다.

코티의 로리간은 이보다 더 거친 면이 있습니다. 조금 더 가볍고 단순해요. 이 시기에 코티가 어떤 향수를 내면 겔랑이 곧 그 향을 더

겔랑 뢰르 블루

예술적으로 표현한 향수를 출시했다는 이야기가 있는데, 로리간과 뢰르 블루도 그런 느낌을 줍니다.

겔랑의 뢰르 블루는 벨 에포크에 대한 환상과 노스탤지어를 표현 했어요. 이런 면에서 뢰르 블루를 겔랑 향수는 물론 모든 향수들 중 가장 내향적이고, 가장 슬픈 향수라고도 해요. 이런 배경을 모르는 저희 어머니가 뢰르 블루를 맡았을 땐 그냥 포근하고 따스하다고 하 신 걸 보면, 향수와 관련된 일설이 제가 향에서 받은 느낌에 영향을 끼쳤을지도 모르겠습니다.

✛   고전적인 플로럴 향수들

겔랑의 뢰르 블루가 유화라면, 아프레 롱데(1906)는 수채화 같은 향수입니다. 아프레 롱데는 정말 아름다운 향수인데요. 들어간 원료 중 사용할 수 없는 것이 많아 지금은 원래의 버전인 퍼퓸 엑스트레가 아닌 오 드 뚜왈렛으로만 나오고 있어요. 겔랑 레전더리 컬렉션에서 직구로 구할 수 있습니다. 이름은 비 온 뒤라는 뜻인데요. 조향사 자크 겔랑이 시골 동네를 걸어가다 소나기가 내렸을 때 자연의 향에 깊은 감명을 받아 만들었다고 합니다. 그래서인지 향을 맡아보면 마치 비 온 뒤의 정원을 걷는 것 같은 느낌이 납니다. 제게는 2018~2019년 사이에 나온 오 드 뚜왈렛 버전과 늦어도 1930~1940년대, 이르면 1900년대에 만들어진 빈티지 퍼퓸 엑스트레가 있습니다.

오 드 뚜왈렛 버전은 가볍고 은은하면서 헬리오트로프와 바이올렛의 달콤하고 파우더리한 향, 아니스 향이 섞여 있다가 화이트 머스크와 파우더리한 플로럴로 마무리돼요. 빈티지 퍼퓸 엑스트레는 아이리스, 바이올렛, 헬리오트로프의 향이 나는 것은 같으나 바닐라와 앰버의 향이 더 강했고, 아니스의 매콤한 향이 있으나 오렌지 블로섬이 달콤하고 풍성한 향을 냈습니다. 자스민과 카네이션, 장미의 향도 나고요. 그러다가 바닐라와 앰버, 애니멀릭한 향과 우디한 향

APRÈS L'ONDÉE

Robe de diner de Worth

1912년 겔랑 아프레 롱데Après L'ondée 광고 포스터

겔랑 아프레 롱데

이 나오고 마지막에는 앰버와 바닐라, 파우더리한 플로럴함으로 끝납니다.

이렇게 표현하면 엄청나게 무겁고 파우더리한 향처럼 보입니다. 그러나 향 자체가 파우더리함에도 불구하고 촉촉하고 수채화 같은 느낌이 나요. 빈티지 퍼퓸에서는 이런 어두운 먹구름 같은 무거움과 동시에 그 사이로 내리쬐는 한 줄기 햇살 같은 느낌, 풀잎과 꽃잎에 맺힌 빗방울의 영롱함 같은 행복감이 함께 느껴집니다. 굉장히 아름다운 향수라고 생각해요. 친구에게 아프레 롱데 오 드 뚜왈렛을 뿌려주었더니 어린 시절 놀이공원에서 회전목마를 타던 추억이 생각난다고 표현하기도 했습니다. 빈티지 퍼퓸 엑스트레가 더 풍성하고 어두운 향을 냈지만, 그래도 오 드 뚜왈렛으로나마 이 아름다움을 즐길 수 있다는 건 다행스러운 일이라고 생각합니다.

당시의 또 다른 아름다운 플로럴 향수로 우비강의 껠끄 플뢰르 오리지널(1912, 당시에는 껠끄 플뢰르)이 있습니다. 껠끄 플뢰르 오리지널은 처음으로 다양한 플로럴 향을 섞은 향수였습니다. 향수 용어로 이런 향을 플로럴 부케라고 합니다. 마치 여러 꽃을 섞어 만든 꽃다발 같은 향이기 때문이에요. 이전의 플로럴 향수는 꽃 향을 허브 등 다른 향과 섞거나 특정 꽃의 단일 향조로 많이 표현하곤 했습니다. 이 향수가 없었다면 이후의 플로럴 향수 대부분이 나오지 못했을 거

아르데코적 미감이 물씬 드러나는, 1910~1920년대 사이 것으로 추정되는
우비강 껠끄 플뢰르Quelques Fleurs 광고 포스터

우비강 껠끄 플뢰르

예요.

껠끄 플뢰르는 몇 송이의 꽃이라는 뜻인데, 우비강의 상징이 바구니 안의 꽃 여러 송이였다는 점을 보면 브랜드의 상징을 내세운 향수라는 생각이 듭니다. 우비강의 르 파팡 이데알(1896)이 먼저 플로럴 부케 향을 선보였다는 말도 있지만, 이 글에서는 껠끄 플뢰르 오리지널이 먼저라는 설을 채택했습니다.

베르가못으로 시작하여 정말로 부케처럼 은방울꽃, 오렌지 블로섬, 라일락, 자스민, 장미, 바이올렛 등 여러 꽃들의 향연이 펼쳐집니다. 어떨 때는 라일락과 장미, 어떨 때는 라일락과 자스민, 어떨 때는 은방울꽃, 어떨 때는 장미와 자스민 등 마치 만화경으로 본 장면처럼 여러 꽃들이 자신의 존재감을 드러냈다 사라지고, 종래에는 다 섞이며 명료하게 무엇이라고 지칭하기 어려운 추상적인 꽃 향이 됩니다. 잔향마저도 플로럴한 느낌에 약간의 오크모스와 부드러운 바닐라 향이 섞여 끝납니다. 아름답고 로맨틱한, 꽃다발에 얼굴을 묻는 것 같은 향이에요.

✛   시프레의 탄생

마지막으로, 향수 역사에 엄청나게 큰 영향을 끼친 코티의 시프레(1917)를 빼놓을 수 없겠죠. 시프레라는 단어 자체는 지중해 동부의 키프로스 섬을 뜻합니다. 시프레라고 불리는 향수는 코티의 시프레가 나오기 전에도 있었습니다. 대표적으로 겔랑의 시프레 드 파리(1909), 고데의 시프레(1908) 등입니다. 그러나 프랑수아 코티가 만든 시프레가 베르가못-라다넘-오크모스의 구조를 처음 유행시켰고, 이후에 이 구조가 시프레 계열로 자리 잡았어요.

키프로스 섬은 고대 그리스 시대부터 향으로 유명했습니다. 아프로디테의 탄생지라고 불린 만큼, 화장품과 향 제품 사업이 발달했어요. 중세 시대 십자군 원정을 간 기사들은 키프로스 섬에 들러 향 제품을 사곤 했는데, 당시에는 향료를 뭉쳐 새 모양의 금속 조형물 안에 넣고 향을 즐겼습니다. 그래서 이런 새 모양 조형물을 키프로스의 새라고 부르기도 했어요. 시간이 지나면서 시프레라고 불리던 향은 정말 다양해집니다.

1764년의 조향 레시피는 시프레 향을 자스민, 네롤리, 흰 장미, 아이리스, 안젤리카 씨앗, 넛맥과 라다넘을 섞어 만든다고 소개했고, 19세기 전반에는 더 플로럴하게 튜베로즈, 자스민, 장미, 미모사,

코티 시프레Chypre 광고 포스터

바이올렛과 앰브레트 시드가 들어갔어요. 19세기 후반에는 애니멀 릭해지는데요. 1857년에 조향사 셉티머스 피에스Septimus Piesse 가 오 드 시프레 향수에 머스크, 앰버그리스, 바닐라, 통카빈, 장미가 들어간다고 설명했습니다.‥ 이전에도 시프레라고 불리던 향수는 있었지만 시대에 따라 향은 달랐습니다. 지금 우리가 시프레 향수라고 할 때 지칭하는 베르가못-라다넘-오크모스의 구조를 가진 향수는 코티의 시프레가 만들어냈어요. 이후 시대의 모든 시프레 향수가 코티의 시프레에게 빚지고 있습니다.

코티의 시프레를 1920년 이후 버전의 오 드 뚜왈렛, 1935년 이후 버전의 퍼퓸으로 갖고 있습니다. 두 버전 모두 반짝이는 베르가못과 나무 수지 향으로 시작합니다. 오 드 뚜왈렛은 화이트 플로럴과 파우더리한 뉘앙스, 그리고 어두운 오크모스가 대비되다가 화이트 플로럴과 소량의 허브함이 향긋하게 그린함을 나타내고, 파우더리함이 살짝 가미된 오크모스향으로 끝납니다. 퍼퓸은 비슷하게 시작하다 화이트 플로럴이 나오긴 하지만 그보다 장미 향이 많이 나고, 나무 수지와 애니멀릭함, 오크모스 향이 서로 섞여 더욱 풍부한

•　Matvey Yudov, Sergey Borisov, Chypres, Part 1: History and Chemistry, Fragrantica
••　Alexandre Helwani, Les Origines du Chypre ‐ I, The Perfume Chronicles, 2020. 11. 16.

코티 시프레

향을 냅니다.

어떻게 보면 굉장히 단순하고 심플한 향입니다. 이 향을 다소 각지고 야성적인 느낌이 난다고 설명하는 사람들도 있지만, 그 단순함과 거친 느낌이 이 향의 매력이라고 생각합니다. 겔랑의 미츠코와 비교하면 훨씬 심플하다는 것을 잘 느낄 수 있습니다. 1980년대에 재조합되어 재출시되었는데 이 버전은 이전 빈티지보다는 더 파우더리하다는 평이 있었습니다.

"

**숙녀는 세 가지를 하지 않는다.
담배를 피우고, 탱고를 추고, 샬리마를 뿌리는 것.**

1920년대의 속설

3

1920년대

이국적인 향과 모던함을
표현한 전설적인 향수들

✛ 　신여성의 패션과 향수

　1920년대에는 명작으로 꼽히는 고전 향수들이 많이 나왔습니다. 이 시대의 향수에 대해 이야기할 때는 반쯤은 설레고, 반쯤은 긴장돼요. 1차 세계 대전을 겪고 난 후였기 때문에 특히 유럽의 1920년대 전반은 혼란스러운 시기였습니다. 새롭게 국경이 그려지면서 각국 소수 민족과 갈등이 생겼고, 민족주의자들이 득세하며 파시즘이 등장하는 등 여러 가지 사건이 있었습니다. 동시에 각국의 상황 때문에 다른 나라로 이주한 사람들이 늘었습니다. 이들은 식민지와 이국적인 장소에 대한 열망을 일으켰어요.

　한편 미국은 1920년대를 재즈 시대, 황금 시대라고 할 만큼 부유함 속에 다양한 문화가 꽃피는 시대를 맞이했습니다. 여성들의 투쟁 끝에 1920년 미국에서 여성 참정권을 보장하는 헌법이 통과되었지요. 이런 사회 변화에 힘입어 이전 세대보다 더 자유로운, 플래퍼 Flapper라고 불리는 신여성들이 탄생했습니다. 짧은 머리를 하고, 직선적으로 뚝 떨어지는 라인에 무릎 근처까지 오는 치마를 입었습니다. 당시로서는 무릎 근처까지 오는 치마 길이는 상상할 수 없을 만큼 짧은 것이었습니다. 플래퍼들은 곡선적인 몸매를 드러내기보다는 소년 같은 몸매를 추구했고, 당시 주로 흑인들이 연주해서 악

마의 음악, 타락적인 음악이라고 여겨졌던 재즈에 맞춰 춤을 췄습니다.

음악을 비롯한 흑인들의 문화는 당시 미국의 문화에 커다란 영향을 끼쳤습니다. 음악, 문학, 패션, 정치, 교육 등 다양한 영역에서 흑인들의 문화가 꽃핀 이때를 할렘 르네상스라고 하는데요. 뉴욕시의 할렘을 중심으로 일어난 움직임이기 때문입니다. 1920~1930년대의 할렘 르네상스로 미국 전역에서 재즈와 흑인들의 춤 등이 유행하게 되었습니다.

프랑스에서는 소년을 뜻하는 단어 갸르송garçon을 여성형 명사로 변형한 단어 갸르손느garçonne에서 따온 갸르손느 룩이 유행했습니다. 미국의 플래퍼와 비슷하게 짧은 치마를 입고, 소년 같은 중성적인 아름다움을 추구했어요. 그래서 코코 샤넬의 직선적이고 미니멀한 룩이 인기를 끌었습니다. 샤넬은 신여성의 이미지에 항상 등장하는 클로슈 모자를 유행시키기도 했지요.

코코 샤넬은 귀족이나 부자들과 자주 어울렸는데요. 특히 당시 유럽에는 러시아 혁명과 내전으로 인해 망명 온 러시아 사람들이 많았습니다. 이들에 대한 동정심, 이국적인 러시아 문화에 대한 관심과 호기심 등으로 인해 러시아 문화가 유행하기도 했죠. 이 분위기를 반영한 향수가 샤넬의 뀌르 드 루시(1924)입니다.

샤넬 뀌르 드 루시Cuir de Russie 광고 포스터. 미국에서는 러시아 레더라는 이름으로 판매되었다.

러시아는 춥고 눈이 많이 오는 지역이었기에 일찍부터 가죽을 자작나무 껍질에서 나온 타르로 처리해 방수되도록 가공했습니다. 이렇게 처리한 가죽의 향은 당시 스페인이나 프랑스에서 유행하던 향하고는 달랐어요. 1921년에서 1922년까지 러시아 대공 드미트리 파블로비치와 연애 중이었던 코코 샤넬은 이런 러시아식 가죽 향을 테마로 뀌르 드 루시를 만들었습니다.

뀌르 드 루시는 현재도 샤넬 레젝스클루시프 라인의 일부로 나오고 있습니다. 그러나 향은 제가 가진 1940~1950년대의 빈티지 버전과는 다소 차이가 있습니다. 빈티지 버전의 향은 샤넬 특유의 알데하이드와 애니멀릭한 레더 향으로 시작하는데, 너무 날카롭지도, 강렬하지도 않고 매끈합니다. 그다음에는 여기에 플로럴한 향이 섞이고, 잔향에서는 레더와 아이리스, 샌달우드가 풍부하고 세련된 향을 냅니다.

뀌르 드 루시는 러시아 가죽이라는 뜻이에요. 이전에도 같은 이름을 사용한 향수들이 있었습니다. 겔랑의 뀌르 드 루시(1872)가 대표적이죠. 훨씬 더 애니멀릭하고 거친 느낌입니다. 샤넬의 뀌르 드 루시 이후 비에나메의 뀌르 드 루시(1935), L.T. 피버의 뀌르 드 루시(1939), 시트러스 향과 우디향이 더 강한 크리드의 뀌르 드 루시(1953), 르 자르뎅 레트루브의 훨씬 더 달콤하고 애니멀릭한 느낌의 뀌르 드 루시(1977) 등 러시아식 레더를 표방한 향수들이 줄줄이 출시됐어요. 그럼에도 불구하고 샤넬의 뀌르 드 루시는 지금까지 나열한 다른 뀌르 드 루시보다 아름답고 우아합니다.

샤넬 뀌르 드 루시

✛ 이국적인 문화를 향으로 표현한 향수들

1920년대 유럽에는 이국 문화에 대한 선망과 관심이 있었습니다. 당시는 지금만큼 미디어가 발달하지 않았기 때문에 유행이 느리게 움직였죠. 18세기에 흥했다가 19세기 말 다시 등장한 중국 문화에 대한 선망과 관심을 일컫는 시누아즈리Chinoiserie, 19세기 후반에 유행한 일본풍 사조를 말하는 자포니즘Japonisme의 영향도 남아 있었습니다. 유럽인이 아시아인에게 졌다는 러일 전쟁의 충격도 가시지 않았고요.

그런 배경에서 동양 문화에 대한 관심을 표현한 향수가 겔랑의 미츠코(1919)입니다. 미츠코는 클로드 파레르의 소설『전투La Bataile』의 여주인공인 미츠코의 이름을 따온 것으로 알려져 있습니다. 소설에서 일본 해군 장교의 아내인 미츠코는 영국 장교와 사랑에 빠지게 되고, 해전에서 남편과 영국 장교 중 누가 돌아올지 기다립니다. 지금 보면 동양인 여성을 헌신적으로 그린, 오페라『나비 부인』같은 소설입니다. 미츠코는 1919년에 출시됐지만, 1차 세계 대전이 끝난 후 이국적인 문화에 대한 선망과 갈등이 혼재된 1920년대 초반의 혼란스러운 사회 분위기를 잘 보여주는 향수이기에 1920년대 향수로 분류했습니다. 향수를 만든 조향사 자크 겔랑도 아시아

겔랑 미츠코Mitsouko 광고 포스터

문화에 대해 큰 관심을 갖고 있었어요. 1차 세계 대전 후의 가라앉은 분위기와 그럼에도 가져야 하는 희망을 연상시킨다는 평가를 받는 향수입니다.

미츠코는 프루티 시프레 계열의 시초가 된 향수입니다. 코티의 시프레(1917)에서 정립된 시프레의 기본 구조인 베르가못-라다넘-오크모스에 복숭아와 시나몬 향을 넣어서 더욱 부드럽고 향긋하게 만들었어요. 제가 소장하고 있는 향수는 1950년대에서 1960년대쯤 나온 빈티지인데, 사실 미츠코를 몸에 뿌리고 시향할 때 몇 번의 시행착오를 겪었습니다. 미츠코의 핵심은 아름다운 복숭아 향, 정확히 말하면 잘 익은 복숭아의 껍질 같은 부드러운 향입니다. 그런데 처음 뿌렸을 때 그런 향은 전혀 나지 않고 시프레 특유의 오크모스 향만 나다가 아주 잠시, 신화 속의 천도복숭아 같은 아름다운 향을 느낄 수 있었어요. 그다음에 시향했을 때는 복숭아가 복수라도 하는 듯 달디단 복숭아 향밖에 나지 않았습니다. 그래서 몇 번이나 다시 시향해야 했죠. 어떤 향은 자신의 매력을 쉽게 드러내지 않는 느낌이 드는데, 미츠코가 그런 경우였습니다.

여러 번의 시향 끝에 발견한 미츠코의 향은 베르가못의 반짝임과 함께 시작합니다. 자스민의 플로럴함이 가미된 복숭아 향, 그리고 스파이시한 시나몬 향과 오크모스 향이 섞여 납니다. 잔향은 우디함

겔랑 미츠코

겔랑 샬리마Shalimar 광고 포스터

과 살짝의 오크모스로 끝나요. 현재는 오크모스 향료가 강한 규제를 받고 있기 때문에 겔랑에서도 많은 고민이 있었던 것 같아요. 조악하게 재조합된 적도 있었고 조금 더 나아졌던 적도 있습니다. 2024년 현재 나오는 레전더리 컬렉션의 미츠코 오 드 퍼퓸은 빈티지 미츠코의 느낌을 그럭저럭 살린 것 같습니다.

겔랑의 고전 향수 중 이국적인 향을 표현한 향수로 빼놓을 수 없는 것이 샬리마입니다. 샬리마는 리뷰할 때마다 긴장되는 향수입니다. 뒤에서 소개할 샤넬 No.5와 함께 마치 호머의 『일리아스』와 『오디세이아』를 소개하는 느낌이 들 정도로 고전적인 걸작이거든요.

샬리마라는 이름은 인도 라호르 지역 무굴 제국 황제 샤 자한이 자신이 사랑한 황후 뭄타즈 마할을 위해 만든 샬리마 정원에서 따왔습니다. 사랑의 정원이라는 뜻이라고 해요. 오리엔탈 계열이라는 말을 사용하게 만든 향수이기도 해요. 이전에는 샬리마처럼 앰버나 스파이스 향이 강한 향수는 앰버, 혹은 앰버리 계열이라고 불렸는데, 샬리마를 가리킬 때 처음으로 오리엔탈이라는 단어를 사용했습니다. 서양인 입장에서 떠올리는, 아시아의 화려함과 퇴폐적이고 향락적인 분위기를 가진 향수를 말해요. 지금은 다시 앰버, 앰버리라는 말을 사용합니다. 샬리마는 1921년에 만들어졌는데, 이름에 대한 저작권 문제로 한동안 No.90이라고 불리다가 1925년에 샬리마라는 이름으로 판매되기 시작했어요.

 고전적인 향수인 만큼, 샬리마에 관한 어록과 설도 많습니다. 샬리마는 탑 노트인 베르가못과 베이스 노트의 레더, 바닐라, 인센스, 앰버의 결합이 특징적인 향인데요, 샤넬의 No.5를 조향한 에르네스트 보Ernest Beaux는 "나는 바닐라로 커스터드 크림이나 만드는데 겔랑은 샬리마를 만들었다"고 말했다고 합니다. 조향 과정에 관해서는 이전에 론칭된 코티의 에메로드(1921)를 따라했다는 말도 있고, 겔랑의 지키에 자크 겔랑이 엄청난 양의 합성 바닐린을 넣었는데 좋은 향이 나자, 샬리마로 발전했다는 설도 있어요. 로자 퍼퓸의 창립자 로자 도브Roja Dove는 "샬리마는 엄청나게 풍부하고 관능적인 베이스를 가지고 있지만 하트(미들) 노트는 거의 없다"고 했는데요. 베이스 노트가 그 정도로 유명하고 풍부하니 향 전반의 균형을 잡기 위해 베르가못 오일이 성분의 30%나 차지한다고 합니다.˙ 이렇듯 풍성하고 관능적으로 느껴진 향 때문에 당시에는 "숙녀는 세 가지를 하지 않는다. 담배를 피우고, 탱고를 추고, 샬리마를 뿌리는 것."이라는 말도 있었습니다.˙˙

• Shalimar, monsieur-guerlain.com, 2008.06.
•• Olfactoria, Queen of Queens - Guerlain Shalimar: Not A Review, Olfactoria's Travels, 2010. 12. 4.

겔랑 샬리마

샬리마는 제가 빈티지 향수에 관심을 가진 계기가 된 향수입니다. 좋아해서 자주 뿌리고 다니는 향수이기도 해요. 1930~1950년대 사이 버전과 1950년대 버전, 1970년대 버전, 2019년에 구입한 오드 퍼퓸을 가지고 있습니다.

출시된 연도에 따라 향에 차이가 있습니다. 2019년의 샬리마 오드 퍼퓸은 규제로 인해 천연 베르가못을 쓰지 못하기 때문에 조금 약한 베르가못과 레더, 바닐라, 인센스와 앰버가 결합된 향입니다. 1970년대 버전은 레더와 바닐라, 인센스와 앰버가 좀 더 강렬하고 무거웠습니다. 1930~1950년대 사이 버전은 정말 특별했습니다. 자주 뿌리고 다니던 향수여서 큰 기대가 없었는데, 미들 노트에서 다양한 꽃 향을 느낄 수 있었어요. 굉장히 풍부한 장미, 자스민, 오렌지 블로썸 향이 나서 정원에 온 것 같았습니다. 파우더리한 아이리스가 꽃 향에서 베이스인 레더와 바닐라 향으로 옮겨가는 가교 역할을 하고, 베티버가 약간의 우디함을 주는 가운데 앰버와 레더, 인센스와 바닐라 향이 매우 풍부했습니다. 패츌리 향도 느껴졌는데 바닐라와 섞여 우디하면서도 초콜릿을 연상시키는 느낌을 줬어요. 한참 뒤에 나온 티에리 뮈글러의 엔젤(1992)에서도 패츌리가 초콜릿을 연상시키는 방식으로 표현되었다는 것을 생각해 보면 정말 대단한 향수가 아닌가 싶습니다. 모든 버전에서 반짝이는 보석 같은 베르가못과 무겁고 풍성한 바닐라와 레더, 인센스, 앰버 향이 멋진 대비를 만들어냅니다.

샬리마는 고전적인 앰버리 향을 말할 때 빼놓을 수 없는 향입니다. 저명한 생물물리학자이자 향 리뷰어인 루카 투린Luca Turin은 "세상에서 가장 많은 수의 향수가 속해 있는 카테고리는 '실패한 샬리마'일 것이다. 모두가 시도했지만 매우 적은 수만 그 근처 어딘가에 도달했다."고 했어요. 실제로 샬리마의 시트러스와 앰버의 대비를 표현하려 한 향수는 많았는데요. 현재 이를 가장 잘 살린 향수는 샤넬 레젝스클루시프 시리즈의 르 리옹(2020)입니다. 자스민 향이 현재의 샬리마보다 더 많이 살아있어요.

마지막으로 소개할 이국적인 문화에 대한 궁금증과 선망을 그린 향수는 몰리나르의 하바니타(1924)입니다. 하바니타라는 단어 자체가 작은 하바나라는 뜻으로, 남미와 열대를 연상시켜요.

하바니타는 1921년에 처음 론칭되었습니다. 당시에는 향수가 아니라 담배에 향을 입히는 향 주머니의 형태로 만들어졌는데, 너무 인기를 끌어 1924년에 향수로 출시됐어요. 단종되었다가 다시 나오고, 병도 바뀌고 재조합도 자주 되어 빈티지 향수의 출시 시기를 정확히 찾기가 어렵습니다.

제가 가진 1921~1960년대 사이 빈티지 버전에서는 그 시대에

몰리나르 하바니타Habanita

몰리나르 하바니타 광고 포스터

나온 향수라고는 믿기 어려울 정도로 라즈베리와 복숭아 향, 화이트 플로럴, 파우더리한 플로럴 향이 섞여 프루티 플로럴한 향이 나다가 가죽과 앰버 향, 스모키한 향이 나고 이 둘이 엎치락뒤치락합니다. 애니멀릭한 향이 나타났다가 다시 파우더리해지기도 하고, 달콤하다가 쌉쌀해지기도 하는, 앰버 특유의 풍성함이 나타나는 신기한 향수였습니다.

✛   샤넬 No.5: 깨끗하고 현대적인 여성성의 탄생

샤넬의 No.5(1921)는 이번 글에서 소개할 향수 중 가장 다루기 어려운 향입니다. 프랑스 향수 업계에서는 No.5를 괴물le monstre 이라고 부르기도 해요. 고전 중의 고전이라 굉장히 아름다운데, 그만큼 오해가 많은 향이기도 합니다. 아이코닉하고 유명한 향이기 때문에 관련 일화도 많은데요. 이 글에서는 코코 샤넬의 삶 전반보다는 No.5와 관련된 일화만을 다루겠습니다.

No.5는 이 향수만 다룬 책도 있을 만큼 많은 사람들에게 잘 알려진 향입니다. 먼저 한국에서 널리 퍼진 속설 두 가지를 정정하고 싶은데요. 우선 No.5에는 금목서(오스만투스)가 들어가지 않습니다. 아마도 누군가가 금목서 향이 너무 아름다워서 No.5에 빗댄 것이 잘못 퍼진 게 아닌가 싶습니다. 금목서는 지금도 중국에서 주로 생산하는데, 샤넬 No.5가 나온 시기에 중국은 공산당이 창당하는 등 혼란스러운 시기였습니다. 금목서를 서양 향수에 처음으로 쓴 것은 장 파투의 1000(1972)예요. 당시에도 금목서를 구하기 정말 어려웠다는 말이 있어요. 금목서는 너무 작은 꽃이어서 충분히 많은 양의 향료를 모으려면 당시의 기술로는 꽃을 물에 넣고 기다려야 했고, 그래서 발효 과정에 가죽 같은 향이 섞이게 되었습니다. No.5의 향과

샤넬 No.5 광고 포스터

전혀 다른 향이에요. No.5가 처음으로 알데하이드를 넣은 향도 아닙니다. 우비강의 껠끄 플뢰르 오리지널(1913), L. T. 피버의 레브 도르(1889)에도 알데하이드가 들어갔습니다. 샤넬 No.5는 알데하이드와 플로럴을 결합한 특유의 연출로 지금까지도 알데하이딕 플로럴 향수들을 유행시켰고 향의 표현법에 큰 영향을 끼쳤어요. 처음일 필요도 없을 만큼 대단한 영향력입니다.

이름부터 살펴보면, 샤넬에서 첫 향수를 론칭할 때 조향사 에르네스트 보가 가져온 여러 샘플 중 다섯번째 샘플이 코코 샤넬의 마음에 들었기 때문에 No.5라고 명명되었다고 합니다. 또한 샤넬은 5를 자신의 행운의 숫자라고 생각해서 5월 5일에 이 향수를 론칭했습니다. 이름이 어떠한 이미지도 연상시키지 않기를 바랐기에 그저 No.5라고 명명했다는 말도 있습니다. 세 가지 설 모두 사실일 수도 있고요. No.5는 이름부터 매우 현대적인 작명이죠. 보틀도 화려하지 않으면서 아르데코 스타일의 각지고 모던한 형태예요. 네모난 뚜껑은 백화점에 입점한 샤넬 매장의 형태를 옆에서 본 것이라는 말도 있습니다. 마치 코코 샤넬의 직선적이고 시크하며 심플한 옷을 보는 느낌입니다.

향의 탄생 과정에 대해서도 여러 설이 있는데요, 에르네스트 보의 조수가 평소보다 과하게 알데하이드를 넣었는데 그게 No.5가 되었다는 말도 있지만, 에르네스트 보가 러시아 출신 이민자였기에 차가운 얼음이 낀 시베리아의 호수를 No.5의 차가운 알데하이드 향으로 표현했다는 이야기가 더 설득력이 있다고 생각합니다. 더 흥미롭기도 하고요. 당시에는 귀족이나 돈이 많은 여성들은 꽃 향만 나는 단일 향을 선호했고, 고급 매춘부들은 자스민과 머스크 같은 향을 썼다고 하죠. 코코 샤넬은 "여성에게서 왜 꽃향기가 나야 하냐"고 질문하면서 단일 꽃 향도 아니고, 자스민과 머스크 향도 들어가면서 깨끗한 알데하이드가 들어간 향을 만들었습니다. 물론 이 말은 본인의 경쟁 상대이자 꽃 향을 주로 만들었던 파팡 드 로진느를 겨냥한 말이라고도 해요.

No.5가 탄생한 시기는 자연에 존재하지 않는 인공적인 향을 사람들이 받아들이기 시작한 때이기도 했습니다. 물론 그전에도 다른 합성 향료는 존재했습니다. 통카빈에서 추출하는 쿠마린도, 합성 머스크도 있었어요. 그러나 이런 합성 향료들은 이미 자연에 존재하는 향료의 어떤 면모를 강화시키거나 모방한 결과에 가까웠습니다. 샤넬 No.5에 쓰인 알데하이드는 자연에 존재하는 향과는 완전히 다른, 완벽하게 인공적인 향이었습니다. 이것이 바로 기술과 과학, 사회와 문화의 발전을 보여주는 이전 시대와의 차이점이기도 해요.

코코 샤넬이 알데하이드의 깨끗한 향을 현대적이라 생각했던 이유는 어렸을 때 수녀원에서 자라면서 위생적인 비누 향 등을 오랫동안 기억하고 있었기 때문이라고도 합니다. 전통적인 코롱에 쓰이는 베르가못과 여러 허브가 아닌, 합성 향료로 깨끗함을 만들어내어 여성성, 현대성과 결합시킨 겁니다. 향수를 위생적인 느낌과 결합시켜 판매하는 방식은 지금도 유효합니다. 2020년대에도 깔끔한, 섬유 유연제 같은 향이 트렌드예요. 샤넬의 No.5가 없었다면 훨씬 더 느리게 일어났을, 혹은 아예 일어나지 않았을 유행입니다.

재미있는 점은 코코 샤넬의 시대에는 여성에게서 꽃 향이 아닌 인공적인 향이 나는 것이 시대에 맞서는 전복적인 발상이었다면, 1970년대에는 반대로 여성들이 인공적이지 않은 자연스러운 그린 향을 선택하는 것이 도전적으로 여겨졌습니다. 시대를 옥죄는 관습에 대한 도전은 이렇게 사회와 문화의 변화에 따라 다양한 방식으로 일어났습니다.

샤넬 No.5를 리뷰할 때 주의할 점은 오 드 퍼퓸 버전에 유의해야 한다는 겁니다. 본래 No.5는 퍼퓸 엑스트레와 오 드 뚜왈렛으로만 출시되었습니다. 오 드 퍼퓸 버전은 1980년대에 만들어졌는데요. 화려하고 강렬했던 1980년대의 미감이 들어가 현대 소비자들에게는 별로라고 느껴질 수 있습니다. 1940~1950년대의 빈티지 No.5는 차가운 알데하이드로 시작해 따스하고 파우더리한 아이리스 향,

장미와 자스민의 플로럴함, 앰버와 바닐라, 베티버, 샌달우드, 머스크, 오크모스까지 들어가는 풍부한 향을 냅니다. 지금 나오는 퍼퓸 엑스트레는 이보다 못하다고 느껴지지만 그럼에도 퍼퓸 엑스트레는 No.5만의 차가운, 인공적이고 시원한 처음과 플로럴한 중간, 그리고 무거워지는 잔향의 균형을 유지하고 있습니다. 퍼퓸 엑스트레에만 프랑스 그라스 지방에 있는 샤넬 소유의 밭에서 키우는 자스민과 장미가 들어간다는 점을 생각하면 시향해 볼 가치가 있습니다.

No.5를 다룰 때 안타까운 점은 이 향수가 엄청나게 카피되었다는 점입니다. 제가 자주 가서 글을 쓰는 카페 화장실 비누에서도 No.5 특유의 쨍한 알데하이드 향과 부드러운 꽃 향이 납니다. 그래서 사람들이 이거 어디서 맡아봤는데? 하고 고개를 갸웃거리곤 해요. 또, 마릴린 먼로가 쓰던 가장 유명한 향수니까 시향해 보지 않고 선물하거나 과도한 환상을 가지고 구입하다 보니 No.5에 대한 부정적인 평가도 많습니다. 그만큼 이 향수가 혁신적이고, 아름답고, 유명하다는 뜻으로 받아들여야겠죠.

샤넬 No.5의 대성공으로 모든 향수 브랜드에서 알데하이딕 플로럴 향수들을 내기 시작합니다. 하나하나 나열하기엔 힘들 정도로 너무 많아서 비슷한 시대의 유명한 향수들만 살펴본다면, 겔랑 리우 (1929)는 빈티지 기준으로 알데하이드와 로즈마리를 결합해 좀 더 시원한 향을 내고, 건포도 같은 달달한 향도 들어있습니다. 코티의 레망(1927)은 No.5보다 가벼운 느낌의 알데하이딕 플로럴이에요. 르 갈리온의 소르틸레쥬(1937)는 더욱 플로럴했고요. 아예 이름과 네모난 보틀 모양까지 따라한 몰리뉴의 르 뉴메로 싱크(1925, 나중에 르 파팡 꼬뉴로 이름을 바꿉니다)도 있습니다.

이렇게 No.5가 커다란 알데하이딕 플로럴 향수 붐을 만든 후에 파생된 수많은 알데하이딕 플로럴 향수 중에서도 자신만의 모습을 특히 아름답게 표현한 것이 랑방의 아르페쥬(1927)입니다. 모녀가 손을 잡고 춤추는 듯한 랑방 로고는 창업자인 잔느 랑방Jeanne Lan-vin과 딸 마거리트 랑방의 사진에서 따왔습니다.

구딸 파리 조향사 아닉 구딸Annick Goutal이 딸들에게 헌정한 오 드 샤를로트, 오 드 카미유(현재 단종), 쁘띠 쉐리 등이 있듯 랑방의 아르페쥬에도 잔느 랑방의 딸인 마거리트 랑방이 큰 역할을 했습니다. 아르페쥬는 랑방의 첫 향수인데요. 음악가였던 마거리트 랑방이 음악 용어 아르페지오에서 따와 아르페쥬라는 이름을 지었어요. 지금은 재조합으로 인해 향이 많이 바뀌었지만, 빈티지 아르페쥬의 향은 정말 음악 같고, 따스한 느낌이에요.

No.5의 차가운 알데하이드와 달리 아르페쥬의 알데하이드는 촛불처럼 따뜻합니다. 알데하이드는 어떻게 쓰는지, 얼마나 넣는지에

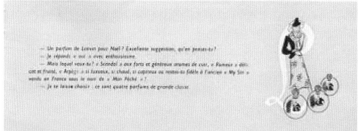

랑방 아르페쥬Arpege 광고 포스터

랑방 아르페쥬

따라 차갑게 표현할 수도, 아르페쥬처럼 따스하게 만들 수도 있는데요. 따스하게 표현하면 다소 왁스 같은 향이 나기도 해요. 아르페쥬에서는 이 왁스 같은 향이 향 전체를 부드럽게 빛내는 역할을 합니다. 복숭아 향도 조금 느껴지고, 플로럴한 미들 노트에서는 장미, 자스민, 아이리스와 일랑일랑이 들어간다는 점은 No.5와 비슷하지만 일랑일랑이 강해서 더 따뜻하고 부드럽습니다. 잔향 역시 앰버와 샌달우드로 끝나는데, 아르페쥬는 앰버가 강렬해서 더 따뜻한 느낌을 주고, No.5보다 가볍고 밝은 느낌입니다. 이런 부드러움 때문에 빈티지 아르페쥬를 맡다 보면 음악이 들려오는 느낌을 받곤 합니다. 마치 노래에 휩싸인 것 같은 기분이 들어 좋아하는 향수예요.

"

**조이는 럭셔리의 절정을 향한
진정한 선언이다.**

패션 디자이너 코코 샤넬

4

1930년대

어두운 시대에 꽃핀
아름다움

+ 우울한 시대에 탄생한 환희의 향

1930년대 하면 무엇이 떠오르시나요? 역사적으로는 대공황, 그리고 미국의 더스트 볼Dust Bowl이 중요한 사건일 겁니다. 대공황은 1929년에 미국 주식 시장이 폭락하면서 시작돼 1939년까지 이어진 전 세계적 경제 위기입니다. 이로 인해 독일 경제가 휘청여서 극우파가 득세하는 결과로 이어지기도 했습니다.

더스트 볼은 1930년대 초반부터 6년이 넘는 기간 동안 미국의 '빵 바구니'로 불리는 대평원 지대를 휩쓴 흙먼지 폭풍을 말합니다. 심각한 가뭄으로 토질이 악화되고 높이 3km가 넘는 먼지 폭풍이 들이닥치면서 미국을 상징하는 자유의 여신상이 뿌옇게 변할 정도였어요. 우리가 서부극의 배경으로 떠올리는 가물고 황폐한 모습은 당시 중서부의 이미지에 영향을 받은 것이라는 말도 있습니다.

그럼에도 불구하고 암울함과 슬픔만으로 가득한 시대는 아니었습니다. 슬프고 우울한 환경 속에서 사람들의 희망을 북돋고, 밝은 에너지를 끌어내려 한 향수가 있어요. 장 파투의 조이(1930)입니다.

조이는 환희로 번역할 수 있습니다. 이 향수는 2018년 LVMH가 장 파투를 인수하면서 향수 산업을 접고, 조이라는 이름을 쓸 권리를 디올에서 가져가면서 단종되었는데요. 왜 그런 결정을 했는지 개

장 파투 조이Joy 광고 포스터

장 파투 조이

인적으로는 이해하기 어렵습니다. 조이는 겔랑의 샬리마, 샤넬의 No.5를 제치고 향수 업계의 오스카상이라고 불리는 피피 어워드(FiFi awards, Fragrance Foundation Awards)에서 20세기의 향수로 선정될 정도로 역사적으로 중요하고, 잘 만들어진 향수였거든요. 암울하고 고달픈 시대에 약간의 즐거움, 기쁨, 환희를 느껴보라는 취지로 만들어진 향수입니다.

등장했을 당시 가장 비싼 향수로 평가받기도 했습니다. 144송이의 장미와 1만 600송이의 자스민이 들어갔기에 비쌀 수밖에 없었어요. 최고급 크리스탈 브랜드인 프랑스의 바카라Baccarat 크리스탈로 만들어진 보틀도 높은 가격에 일조했습니다.

향의 특징은 자스민과 장미에 있습니다. 프레시한 알데하이드가 조금 반짝이다가 프랑스 향수에서 전통적으로 쓰이는 자스민과 장미를 섞은 향이 주가 되는데요. 특징적인 부분은 장미와 자스민의 결합 자체를 내세우기보다는 추상적인 꽃의 향을 표현하려고 시도했다는 점입니다. 겐조의 플라워(2000)와 상통하는 면도 있어요. 애니멀릭한 향이 다소 있어 지금의 미감으로 보면 이게 왜 행복을 뜻하는 향일까 하는 생각이 들 수도 있지만, 꽃 향을 맡으면 그런 생각이 사라집니다. 환희라는 이름에 걸맞게 아주 가볍고 향긋하고, 부드러우면서 반짝이는, 봄바람 같은 향이에요.

✛　이국의 이미지와 비행

　모든 시대에는 나름의 고통과 고난이 있습니다. 그런 가운데서도 열심히 살아가며 문화를, 즐거움을 이끄는 사람들도 늘 있고요. 1930년대의 여성들은 더 넓은 세상을 원했습니다. 이를 보여주는 향수가 겔랑의 볼 드 뉘(1933)입니다.

　볼 드 뉘는 자크 겔랑의 친구였던 생텍쥐페리의『야간 비행』이라는 책에서 따온 이름입니다. 광고 포스터에서 볼 수 있듯이, 이국적인 식물과 얼룩말 같은 무늬의 상자에 담겨 판매됐어요. 병 디자인도 프로펠러를 형상화했습니다. 1932년 미국의 여성 비행 조종사인 아멜리아 에어하트Amelia Earhart가 처음으로 혼자서 멈추지 않고 대서양을 건너 화제가 되었어요. 여성들 사이에서 비행과 이국에 대한 관심이 늘어난 상태였습니다. 비록 모든 사람들이 에어하트처럼 비행기를 이끌고 여행을 다닐 수는 없어도, 그런 꿈을 꾸던 마지막 시대였습니다.

　향은 쌉쌀한 갈바넘과 시트러스로 시작해서 꽃향기가 살살 올라옵니다. 수선화와 자스민 향이 나는데, 향긋하면서도 수선화 특유의 맑고 밝은 느낌이 있어요. 파우더리한 아이리스가 향을 둥글게 하고, 레더 향이 조금 나다가 바닐라 향이 조금 들어간 앰버와 이끼 같

겔랑 볼 드 뉘Vol de Nuit 광고 포스터

겔랑 볼 드 뉘

은 오크모스로 끝납니다. 향이 조금씩 바뀌기에 뉘앙스도 조금씩 달라지는데, 당시의 여성들은 이런 향을 맡으면서 이국의 푸르른 풍경을 상상했겠죠. 당시에 등장한 비행 테마의 향수로는 까롱의 엉 아비옹(1932)이 있습니다. 알데하이드와 함께 장미와 카네이션 향이 많이 나는데, 특히 카네이션 향이 강해요. 시간이 지나면서 자스민과 바이올렛 향이 나며 흙이나 가죽 같은 향이 섞이고, 잔향은 카네이션의 클로브와 까롱 특유의 베이스인 부드러운 오크모스와 앰버 향으로 끝납니다.

이런 향을 맡다 보면 이국적인 나라로 떠나고 싶었던 여성들을 떠올리면서, 비행이 얼마나 세계를 가깝게 해주었는지 생각하게 됩니다. 동시에 이국적인 나라에 살았던 여성들도 떠올리게 돼요. 제국주의와 식민지 시대가 있었기에 우리는 늘 문화적으로 분리되어서 살았겠거니 생각하지만, 당시에도 대도시에는 식민지 출신 사람들이 이주해 살기도 했습니다. 물론 많은 차별과 문화에 대한 몰이해를 겪었지만요. 빅토리아 시대에도 런던에 인도인뿐만 아니라 중국인, 흑인, 아랍인 등 다양한 사람들이 살았습니다.

✛   다양성을 둘러싼 긴장

베를린은 1932년 나치가 득세하기 전까지 유럽의 성 소수자 수도라고 불렸어요. 다양한 나라에서 성 소수자들이 모여들 정도였지만, 1933년 히틀러가 독일을 장악한 뒤에는 사회가 빠르게 경직됩니다.

비록 1930년대의 경제 위기, 이후 2차 대전으로 이런 소수자 문화가 대부분 소실되었지만, 향수에서는 1920년대 말, 1930년대 초중반에 존재했던 문화적 다양성과 풍부함을 엿볼 수 있습니다. 대표적인 향수가 겔랑의 수 르 방(1933)입니다.

수 르 방은 지금은 거의 구할 수 없는 향수입니다. 2005년에 잠시 한정판으로 나왔다가 다시 단종되었어요. 저도 작은 샘플로만 갖고 있습니다. 이 향수는 조세핀 베이커 Josephine Baker 를 위해 만들어졌습니다. 조세핀 베이커는 미국 미주리주에서 태어나 파리에서 무희로 활동하며 유명해졌습니다. 1927년에 처음으로 대중 영화에 출연한 흑인 여성이었으며, 레지스탕스 운동에도 참여했습니다. 미국에서는 흑백 분리된 지역에서는 공연하지 않겠다고 선언하며 1950~1960년대의 인종 차별 철폐 운동에 크게 기여했습니다. 파리의 거리를 반려 치타와 함께 걷는 등 아프리카계 혈통에 대한 자

겔랑 수르 방Sous le Vent 광고 포스터

부심을 표출하기도 했어요. 조세핀 베이커를 위해 만들어진 수 르 방은 바람이 부는 방향이라는 뜻인데, 포스터에서 보듯이 항해와 이 국적인 섬을 연상시키는 이름입니다.

향은 시트러스와 그린함, 허브로 시작합니다. 점점 더 허브 향이 많이 나고 살짝 플로럴이 가미되다가 따스하고 포근한 앰버와 오크 모스로 끝나요. 전반적으로 그린하고 건조한 느낌이 있습니다. 정말 로 구하기 어려운 향수지만, 당시에 이국적인 열대를 어떻게 생각했 는지 감을 잡을 수 있습니다. 이런 향을 뿌리면서 파리의 거리를 거 닐고, 인종 차별이 심각한 미국을 돌아다니던 조세핀 베이커를 상상 하면 그 용기와 우아함에 감탄하게 됩니다.

반면 제국주의 식민지 제도의 긴장과 폭력, 갈등을 보여주는 향 수도 있습니다. 장 파투의 콜로니(1938)입니다. 1931년 파리에서 열 린 식민지 박람회를 기념하기 위해 만들어진 콜로니는 특이한 향수 입니다. 처음으로 파인애플 향이 들어간 향수이고, 병도 파인애플 모양이라 열대 지역을 연상시켜요. 파리 식민지 박람회는 식민지와 본국의 동등함, 즉 식민지가 프랑스에 얼마나 큰 기여를 하는지, 프 랑스는 식민지에 얼마나 기여하는지를 알리고, 결과적으로 식민지 를 만드는 것이 이타적인 일이라는 주장을 홍보하기 위해 열렸습니 다. 1906년부터 기획되었던 행사였어요. 프랑스가 식민지에 행한

장 파투 콜로니|Colony 광고 포스터

폭력과 토종 문화에 대한 경멸 및 소거를 감추려는 시도였습니다.

　이런 폭력과 긴장을 반영하듯, 콜로니는 아름답지만 이상한 향수였어요. 달콤한 파인애플 향이 퍼지는 가운데 쌉싸름한 레더 시프레 향이 납니다. 레더 향과 오크모스 향이 부딪히는 건데요. 그다지 조화롭지 않다고 느꼈습니다. 향수병이 파인애플에서 영감을 받아 만들어졌지만 수류탄 모양 같다는 지적을 받기도 했어요. 달콤하고 아름다우며 반짝이는 파인애플과 레더 시프레 특유의 건조하고 매끈한 뉘앙스가 섞이지 못한 채, 서로 돋보이기 위해 엎치락뒤치락했어요. 아마도 유일한 파인애플 시프레 향수가 아닐까 싶습니다. 이 향수 역시 겔랑의 미츠코에서 유래한 프루티 시프레의 전통을 잇고 있습니다.

✛ 남성이 대상화한 여성과 여성이 스스로 표현한 관능

1930년대 당시 서양에서 관능적이라고 생각했던 향은 앰버리한 스파이스 향, 애니멀릭한 향, 강한 화이트 플로럴 향 등이었습니다. 지금과 크게 다르지 않아요. 관능을 표현한 1930년대의 앰버리 향수 두 가지에서 당시 여성들이 받았던 취급과 그에 대항한 여성들의 면면을 살펴볼 수 있습니다.

먼저 살펴볼 향수는 다나의 타부(1932)입니다. 타부는 조향사인 장 카를Jean Carles이 다나로부터 "창녀를 위한 향수를 만들어 달라"는 요청을 받아 만들었다고 해요. 거의 100년이 지난 지금은 이게 대체 무슨 소리인가 싶지만, 그 시대의 관능과 섹슈얼함을 표현하려 한 것으로 보입니다. 유래와는 별개로 매우 잘 만든 향수입니다.

첫 향부터 베르가못과 레몬 같은 전통적인 시트러스 향뿐만 아니라 앰버와 머스크 향이 올라와 당시에도 지금도 관능미를 표현하는 향이 느껴집니다. 사실 이렇게 가벼운 시트러스와 앰버, 머스크 향을 대비시키는 것은 겔랑의 샬리마(1925)가 유행시킨 기법인데 여기에서도 잘 사용되고 있어요. 시간이 지나며 장미와 자스민의 플로럴한 향에 꿀과 살구잼 같은 달콤한 향이 나지만, 여전히 앰버가 주가

다나의 타부Tabu 광고 포스터

다나 타부

되고 잔향 역시 머스크와 앰버로 뜨거운 살결 같은 느낌을 조성합니다. 매우 파격적이고 감각적입니다.

하지만 어디까지나 다나 창업자 하비에르 세라Javier Serra와 남성 경영진들이 생각한 여성의 센슈얼함이에요. 물론 지금 살펴보면 남성이 써도 될 만큼 중성적으로 느껴지는 면도 있지만 말입니다. 동시대에 나왔던 스키아파렐리의 쇼킹(1937)과 비교해 볼까요?

엘사 스키아파렐리Elsa Schiaparelli는 한동안 잊혔다 최근 재발견되고 있는 여성 꾸뛰리에입니다. 코코 샤넬과의 라이벌 구도가 유명합니다. 변장 무도회에서 샤넬이 춤추는 척하면서 스키아파렐리를 촛불 쪽으로 몰아 옷자락에 불이 붙게 했다는 일화도 있어요. 스키아파렐리는 지퍼를 숨기지 않고 디자인적 요소로 전면에 내세우는 등 편리하고 실용적인 패션을 추구했습니다. 스키아파렐리가 1928년에 론칭한 향수 S는 "여왕 혹은 왕을 위한 향수"라고 광고했어요. 1970년대의 입생로랑 오 리브르, 1990년대의 CK 원이 유니섹스 향수로 광고했던 것을 생각하면 상당히 이른 시기에 도전적인 광고를 했음을 알 수 있습니다. 남성이 할 수 있는 모든 것은 여성도 할 수 있다고 믿은, 혁신적인 사람이었습니다.

여성의 성적인 욕구나 욕망에 대해 매우 폐쇄적이었던 당시 스키아파렐리는 광고 포스터에서 보듯이 여성의 상체를 모티브로 한 향

스키아파렐리 쇼킹Shocking 광고 포스터

수를 내고, 광고에 나체인 여성을 등장시켰습니다. 물론 지금은 이런 나체 혹은 반나체의 여성들이 광고에 너무 자주 등장하지만 당시에 여성이 자신의 성적 욕망을 이렇게 솔직하게 이야기하는 것은 매우 용감한 시도였습니다. 스키아파렐리의 주트(1937)는 여성의 하반신을 모티브로 했고, 르 로이 솔레이유(1946)는 살바도르 달리와 협업하여 향수병을 예술품으로 만들기도 했어요.

이렇게 여러 시도를 했던 스키아파렐리의 향수 쇼킹은 쇼킹 핑크라고도 불리는 쨍한 분홍색을 좋아했던 엘사 스키아파렐리의 취향, 그리고 이런 방식으로 사회에게 충격을 줬던 스키아파렐리의 도전에서 따온 이름입니다. 광고 포스터에서 오른쪽 여성이 입고 있는 옷과 모자의 쨍한 분홍색이 쇼킹 핑크입니다.

쇼킹의 향은 허브 같은 쌉쌀함과 꿀의 달콤함으로 강렬하게 시작했다가, 시간이 지나면 스파이스와 패츌리, 애니멀릭함이 올라와 풍성하고 깊어집니다. 잔향에서는 오크모스와 우디함, 그리고 꿀과 스파이스의 흔적이 남아요. 포근하고 달콤하면서도 관능을 잃지 않는 향입니다. 타부와 쇼킹을 비교하며 맡아보면 굉장히 흥미롭습니다. 비슷한 앰버리 계열 향수이지만, 하나는 남성이 대상화해 바라본 여성, 다른 하나는 여성이 스스로 표출한 관능의 표현 방식을 알 수 있거든요.

스키아파렐리 쇼킹

✛   남성 향수의 탄생

남성을 위한 향수 중에도 1930년대에 만들어진 중요한 작품이 있습니다. 까롱의 뿌르 엉 옴므(1934)는 우비강의 푸제르 로열(1882)을 이은 푸제르 계열 향수입니다. 뿌르 엉 옴므는 처음으로 남성만을 타기팅해서 나온 향수예요. 이전에도 남성을 겨냥한 향 제품은 있었지만, 대부분 애프터쉐이브나 장갑, 손수건 등에 뿌리는 용도의 제품이었어요. 피부에 직접 뿌리는 향수로는 뿌르 엉 옴므가 최초입니다.

푸제르 계열 향수이기 때문에 라벤더 향으로 시작해 통카빈에서 추출하는 쿠마린의 바닐라와 지푸라기 같은 향이 나고, 오크모스가 깊이감을 더하며 살짝 우디한 향으로 끝납니다. 굉장히 포근하고 부드러운 향인데, 당시의 신사다움이 어떤 이미지였는지 엿볼 수 있어요. 뿌르 엉 옴므는 지금도 그렇지만, 가격이 저렴했어요. 이런 전통적인 푸제르 계열 향수를 영미권에서는 바버샵 향수라고 부르는데, 바버샵에서 비슷한 향을 내는 애프터쉐이브 제품을 쓰기 때문입니다. 러쉬의 트와일라잇(2010)이 이런 유의 향수와 비슷한 향이에요. 트와일라잇도 인기가 많아서, 과거의 남성성을 표현한 향에 대한 수요가 다시 늘었나 하는 생각이 들기도 했습니다.

까롱 뿌르 엉 옴므Pour un Homme 광고 포스터

까롱 뿌르 엉 옴므

또 다른 유명한 남성 향수로 슐턴의 올드 스파이스 오리지널 (1938)이 있어요. 당시에는 그냥 올드 스파이스라고 불렸습니다. 올드 스파이스 오리지널은 스파이스와 꽃 향이 섞여 있습니다. 현대 취향에는 다소 여성적이라는 생각이 들 수도 있는 향인데요. 앰버리하고 스파이시한 남성향 향수의 전통은 1980년대에도 나타날 만큼 깁니다. 올드 스파이스에는 넛멕, 시나몬 등의 스파이시한 향, 장미와 클로브가 섞인 듯한 카네이션 향, 제라늄 향과 부드러운 바닐라와 앰버, 우디한 향이 함께 납니다. 당시에는 남성들이 이런 향을 편하게 썼어요. 이런 향이 나는 남자들이 2차 세계 대전에서 싸웠다는 생각을 하면 남성성과 여성성은 가변적이고 시대에 따라 굉장히 다르게 표현된다는 것을 다시 깨닫게 됩니다. 올드 스파이스는 지금도 구할 수 있는 굉장히 저렴한 향수여서 시향하기 어렵지 않아요.

슐턴 올드 스파이스Old Spice 오리지널 광고 포스터

“

전설적인 향수가 있고, 전설적인 조향사가 있고,
집착의 대상이 되는 향수가 있는데,
프라카스는 셋 모두에 해당된다.

저널리스트 챈들러 버

5

1940년대

**전쟁 속에서 탄생한
전설적인 고전 향수들**

✛　　전쟁 이후의 유럽에 필요했던 것

1940년대는 전쟁으로 얼룩진 시대입니다. 1939년에서 1945년까지 일어난 2차 세계 대전으로 유럽은 황폐화되었고, 서유럽 중심의 세계가 재편되었어요. 패션과 향수의 중심지였던 프랑스 파리의 상황도 심각했습니다. 전기가 제한적으로 공급되면서 늘 정전이 일어났고, 석탄이 부족해 난방도 하기 어려웠어요. 우유를 사려면 중세 시대처럼 시장에 소를 끌고 온 상인들을 찾아가야 했죠. 잘 먹고 사는 부유층과 음식이 부족해 굶어 죽어가는 사람들 사이의 빈부 격차가 너무 컸고, 봉급이 너무 적어 파업과 시위가 잇따랐습니다.

그래서 사람들은 전쟁을 연상시키는 모든 것을 피하고 싶어했습니다. 고난의 시대를 잊고, 이전의 풍족했고 아름다웠던 시대, 평화와 행복을 원했어요. 수류탄 흔적과 굶어가는 사람들로 황폐화된 파리는 사랑과 낭만, 아름다움과 패션의 중심이라는 이전의 이미지를 되찾고 싶어했습니다. 니나 리찌Nina Ricci의 아들이었던 로베르 리찌가 아이디어를 내, 디자이너들은 패션 극장Le Théâtre de la Mode이라는 전시를 기획했습니다. 1945년에서 1946년 사이, 작은 인형에 아름다운 오뜨 꾸뛰르 옷을 입혀 유럽과 미국 전역을 돌며 전시했어요. 파리의 패션 산업을 베를린으로 옮기려고 했던 나치에 맞섰던 패션 디자이너 뤼시앙 르롱Lucien Lelong도 이 전시에 참여했습니다. 에르메스, 발렌시아가, 랑방, 까르방, 스키아파렐리, 리찌, 발망 등 유수의 꾸뛰리에들이 이 과제에 참여했어요. 반 클리프 앤 아펠 등 쥬얼리 하우스 역시 참여한 거대 프로젝트였습니다. 작은 인형들에 입힌 옷은 디테일이 살아 있는 정교한 작품이었어요. 지퍼들은 실제로 열리고, 작은 핸드백 안에는 컴팩트나 지갑 등이 들어 있었습니다. 사람들은 아름답고 정교한 인형들에게 매료되었고, 결과적으로 파리는 다시 한 번 패션의 중심임을 선언할 수 있었어요.

디올은 1947년 뉴 룩을 선보였고, 사람들은 열광했습니다. 뉴 룩은 전쟁 당시의 직선적이고 단선적인, 군복이나 작업복이 연상되는 옷에서 벗어나 이전 시대의 화려함을 보여주는 스타일입니다. 강조된 어깨와 잘록하게 들어간 허리선, 풍성한 치마가 사람들의 눈을 즐겁게 했어요. 전쟁 시대의 짧은 치마는 옷감 부족 문제를 해결하고, 활동성을 높이기 위해 만들어졌으니까요.

이런 스타일은 유럽과 미국 모두에서 인기를 끌었습니다. 1940년 6월 나치는 파리를 점령했고, 1943년 2월에는 파리의 패션 잡지를 금지했어요. 패션 디자이너들은 영화와 연극에 출연하는 배우들의 옷을 만드는 일밖에는 할 수 없었습니다. 이렇게 만든 배우들의 옷을 영화나 연극으로 접하던 미국인들은 프랑스적인 우아함을 원했습니다. 유럽인들은 전쟁이 연상되는 옷에 질려 있었고요. 유럽과 미국 모두 부드럽고 곡선적인, 화려한 옷에 열광하게 된 것이죠. 물론 이런 옷들은 인력과 자원이 부족한 유럽 내수용이 아니라, 대부분 수출용이었습니다.

향수 역시 비슷한 경향을 보였습니다. 전쟁 이후 사람들은 행복하고 밝고 우아하고 부드러운 향수를 원했죠. 1950년대에서 다룰 니나 리치의 레르 뒤 땅은 당시 사람들이 원하던 부드럽고 가벼운 분위기를 만들어낸 향수 중 하나였어요.

✛ 시프레: 고전적인 시프레의 아름다움

이런 분위기 속에서도 다양한 향수가 있었습니다. 코티의 시프레 (1917) 이후 시프레 향수는 계속 이어져 왔는데요. 그런 맥을 이어나 간 향수들을 살펴보겠습니다.

1940년대를 떠올리면 늘 로샤스의 팜므(1944)가 떠오릅니다. 팜 므는 그야말로 전쟁 중에 꽃 핀 아름다움이라고 생각해요. 광고에도 보이는 검은 레이스로 덮인 박스를 펼치면 향수병이 나오는데요. 이 향을 만든 조향사 에드몽 루드니츠카Edmond Roudnitska는 한 쪽에는 쓰레기장, 다른 쪽에는 페인트 공장이 있는 건물에서 파리가 폭격당 하는 와중에 팜므를 조향했다고 합니다.˙ 게다가 그 과정에서 자두 향이 나는 프루놀이라는 향료를 발견하기도 했어요. 팜므의 향은 정 말 아름답습니다. 달콤하고 프루티한, 자두 향과 복숭아 향과 약간 의 스파이스, 특히 시나몬 향이 나다가 시간이 지날수록 고급 핸드 백에서 날 법한 가죽 향과 파우더리한 제비꽃 향, 플로럴함이 섞이 면서 더욱 우아해지고, 마지막으로는 달콤한 바닐라와 오크모스, 샌 달우드가 주가 되면서 옅게 과일 향이 나요. 겔랑의 미츠코로 시작

• Victoria, Rochas Femme New and Vintage : Perfume Review, boisdejasmin, 2006. 2. 22.

로샤스의 팜므Femme 광고 포스터

로샤스 팜므

된 프루티 시프레 계열의 계보를 이은 향수입니다. 지금의 팜므는 루드니츠카의 허락 없이 1989년에 재조합되었기 때문에 빈티지 버전과 조금 다릅니다. 어떻게 폭격과 폐허 속에서 이렇게 아름다운 향수가 나올 수 있었을까요? 개인적으로 매우 사랑하는 향수 중 하나입니다.

디올의 미스 디올(1947)은 현재는 미스 디올 오리지널이라고 불립니다. 이 향수는 크리스티안 디올이 사랑의 향을 만들어 달라고 요청해 만들어졌다고 해요. 디올이 발매한 첫 향수이기 때문에 무슨 이름을 붙일까 고민하고 있을 때, 레지스탕스 활동을 하던 크리스티안 디올의 여동생 카트린 디올이 걸어들어왔고, 옆에 있던 디올의 보조 디자이너이자 뮤즈였던 미차 브리카르Mizza Bricard가 "아, 오셨군요! 미스 디올!" 이라고 인사하는 것을 듣고 이름 붙였다고 합니다."

미스 디올 오리지널은 빈티지 시프레 향수의 집합체라고 볼 수 있습니다. 고전적인 시프레 향수 중 한국에서 그나마 구하기 쉬운 향수이고, 지금 나오는 향수도 아직까지 고전미를 어느 정도 가지고

•• Radhika Seth, The True Story of Catherine Dior, Christian Dior's Renegade Younger Sister, Vogue, 2024. 12. 15.

디올 미스 디올Miss Dior 1950년 광고 포스터

있어요. 물론 여러 번의 재조합을 거치며 예전 버전의 아름다움은 옅어졌습니다. 미스 디올 오리지널은 현재의 우리에겐 중성적으로, 혹은 남성적으로 느껴질 수도 있는 향이에요. 그래서 이 향수를 맡을 때마다 여성성과 남성성은 무엇인가, 사랑의 향이란 어떤 것인가를 다시 생각해 보게 됩니다. 빈티지 미스 디올 오리지널 퍼퓸 엑스트레의 향은 시트러스가 살짝 섞인 갈바넘의 쌉쌀한 그린함으로 시작해 풍성한 화이트 플로럴과 수선화, 장미, 약간의 파우더리함이 펼쳐지고, 레더와 허브가 조금 섞였다가 시프레의 표현에서 빼놓을 수 없는 숲 바닥 같은 오크모스 향에 앰버가 살짝 섞여 향을 따뜻하게 해주며 끝납니다. 정말 아름다운 향입니다. 현재의 오 드 뚜왈렛은 그린함-파우더와 플로럴, 레더까지는 잘 살렸으나 오크모스 특유의 느낌이 드러나지 않아 아쉬운 점이 있습니다. 그러나 맡아보면 어떤 느낌을 시도하려 했는지는 알 수 있습니다. 코티의 시프레 (1917)가 등장한 후 시프레 향수는 여러 방식으로 변형되어 나왔는데요, 그중 미스 디올 오리지널은 그린함, 레더, 플로럴함을 모두 갖고 있으면서도 클래식한 고전미를 유지하려 한 향수라고 생각합니다.

당시의 분위기를 보여주는 또 다른 시프레 향수는 까르방의 마 그리프(1946)입니다. 광고에서 보이듯이 마 그리프는 젊은 이미지를

까르방 마 그리프Ma Griffe 광고 포스터

까르방 마 그리프

표방했습니다. 론칭했을 때 작은 마 그리프 향수병을 초록색과 흰색 줄무늬가 들어간 낙하산에 태워 파리 전역에 뿌렸다고 하지요. '내 발톱'과 '내 사인(시그니처)'이라는 두 가지 뜻이 있는 이름의 마 그리프는 그린함과 알데하이드로 시작해, 여러 허브 향이 섞였다가 플로 럴해지고, 꽃 향과 오크모스로 끝납니다. 알데하이드와 그린함이 신 선한 느낌을 주고, 플로럴한 향이 향긋함을 더했다가 오크모스와 앰 버가 시프레 특유의 느낌을 만드는데, 여기서 시프레와 알데하이딕 플로럴을 결합한 향의 표현 방식을 엿볼 수 있습니다.

✚　　제르망 셀리에르의 전설적인 향수들

1940년대의 향수를 이야기할 때, 꼭 언급해야 할 천재가 있는데요. 제르망 셀리에르Germaine Cellier 입니다. 셀리에르가 만든 세 가지 향수는 이후 향수들에 엄청난 영향을 끼쳤습니다. 셀리에르는 여성 조향사가 주목받지 못하던 시대에 유명해진 여성 조향사였어요. 셀리에르가 향수 역사에 남긴 세 가지 향수를 살펴보겠습니다.

첫 번째는, 발망의 방 베르(1947)입니다. 발망은 향수 사업을 접었다가 최근에 다시 시작해 지금도 방 베르를 만들고 있습니다. 다만 당시의 방 베르와 지금의 버전은 차이가 큽니다. 방 베르는 1991년에 한 번, 1999년에 또 한 번 재조합되었기 때문에 원하는 향의 빈티지를 골라서 구매하기 어렵고, 비교적 가볍고 신선한 향이라 잘 보존되지 않은 경우가 많습니다. 1991년 이전의 빈티지가 제르망 셀리에르의 의도와 가장 비슷한 버전입니다.

발망의 방 베르는 딱 한 가지 사실만으로도 향수 역사에 지워지지 않을 족적을 남겼습니다. 1970년대의 그린 향수 열풍부터 코로나 직후 나왔던 여러 그린 향수들까지 모든 그린 향수의 조상 격인 향수가 바로 방 베르입니다. 첫 그린 향수로서, 이후 나온 모든 그린 향수는 방 베르에게 빚지고 있어요. 방 베르는 정말 잘 만든 향수입

VENT
VERT

PARFUM

BALMAIN

발망의 방 베르Vent Vert 1950년대 광고 포스터

발망 방 베르

니다. 아주 그린한 갈바넘이 잔디를 깎을 때나 식물의 줄기를 꺾었을 때 맡을 수 있는 향을 연출하다 서서히 투명하고 맑은 은방울꽃과 히아신스의 향이 나오고, 오크모스로 끝납니다. 비교적 어두운 향인 오크모스까지 무겁게 느껴지지 않고 청량한 느낌을 주는 신기한 향수예요. 이름처럼 초록빛 바람이 주변을 감도는 느낌입니다. 어떻게 이 시대에 이렇게 현대적인 향수가 나왔을까 하는 생각이 들 정도로 아름다워요.

두 번째 향수는 로베르트 피게의 밴디트(1944)입니다. 불어식으로 읽어서 '방디'라고도 불리는데요. 밴디트는 강도라는 뜻의 이름부터 논란이 되었습니다. 이것 때문에 미국에서는 1945년에서 1947년 사이 도적이라는 뜻의 다른 단어인 브리건드brigand라고 불리기도 했어요. 제르망 셀리에르는 이 향수를 머리를 짧게 자르고, 남성적인 옷을 입고 다니는 성 소수자 여성들에게 바쳤습니다. 론칭 행사도 대담했는데, 가짜 총과 칼을 들고 검은 가죽옷을 입고 은행 강도처럼 꾸민 중성적인 모델들이 향수병을 바닥에 던져 향이 공간에 퍼지게 했습니다.

향은 매우 그린하고 쌉쌀한 향으로 시작해서, 날카롭고 강렬하며 시큼하기까지 한 가죽 향과 약간의 플로럴함이 싸우듯이 섞이고, 잔향에서 오크모스와 가죽, 애니멀릭함으로 끝납니다. 당대의 여성상

로베르트 피게 밴디트Bandit

로베르트 피게 밴디트 광고 포스터

과 전혀 어울리지 않는 향이었죠. 여성 타깃 향수에서 이렇게 강렬하게 레더를 표현한 것은 처음이었고, 당시의 성 역할에 대한 고정관념에 도전하는 향이기도 했습니다.

마지막은 로베르트 피게의 프라카스(1948)입니다. 프라카스는 반대로 매우 여성적인 여성상을 표현한 프랑스의 배우 에드비주 푀예르Edwige Feuillère에게 헌정한 향수였습니다. 현재도 프라카스의 광고는 이전 시대 여성들의 우아함과 화려함을 보여주는 이미지를 쓰고 있어요.

프라카스는 튜베로즈의 기준을 세운 향입니다. 프라카스가 얼마나 중요한지는 사실 이 챕터를 꽉 채워 쓸 수도 있어요. 에디션 드 퍼퓸 프레데릭 말의 프레데릭 말Frederic Malle은 "모든 튜베로즈 향수는 고전인 프라카스를 따라가려 한다"˙고 말했고, 『뉴욕 타임스』에서 향수 리뷰를 한 챈들러 버Chandler Burr는 프라카스에 대해 "전설적인 향수가 있고, 전설적인 조향사가 있고, 집착의 대상이 되는 향수가 있는데, 프라카스는 셋 모두에 해당된다. 이는 흔한 일이 아니다."˙˙라고 했습니다. 프레데릭 말의 카넬 플라워(2005)와 딥티크

˙ Bryn Kenny, Frederic Malle's Take on Tuberose, WWD, 2005. 9. 30.
˙˙ Chandler Burr, Scent Notes | Fracas, New York Times, 2008. 5. 15.

로베르트 피게 프라카스Fracas 광고 포스터

의 도 손(2005)이 등장하기 전까지 튜베로즈를 해석하는 주류적 방식은 프라카스였고, 지금까지도 넘을 수 없는 산이기도 해요.

프라카스는 튜베로즈 향의 달콤함, 향긋함, 그리고 화이트 플로럴 특유의 살짝 느끼한 향까지 크게 증폭시켜서 시작합니다. 온갖 종류의 화이트 플로럴이 폭발하듯 감각적으로 퍼지고, 그러다 달콤한 복숭아 같은 향이 약간 나서 달달함을 더하면서 파우더리한 아이리스 향이 밸런스를 조금 잡아주다가, 잔향은 화이트 플로럴에 따스한 앰버와 우디함이 조금 섞입니다. 처음부터 끝까지 화이트 플로럴에 대한 찬양 같은 향입니다.

개인적으로 어떤 향수나 향을 설명할 때 실생활에서 자주 접할 수 있는 특정 향에 비유하는 것을 좋아하지 않습니다. 세제 향 같다는 표현을 듣고 나면 우리는 평소 자주 접하는 세제에 너무 익숙해진 탓에 해당 향수의 미묘한 뉘앙스를 감지하지 못하게 돼요. 계속 세제 향만 떠올라 오히려 방해가 되기도 합니다. 그런데 프라카스는 특유의 튜베로즈 향이 너무나도 아름다웠기 때문에 이후 다양한 향 제품에서 비슷한 표현 방식을 사용했어요. 튜베로즈 향은 물론 가드니아 등 화이트 플로럴 향을 표현할 때도 프라카스의 방식이 쓰였습니다. 우리가 갑 티슈에서 가끔 맡을 수 있는 꽃 향도 그와 비슷한 표현법이에요. 프라카스의 아름다움을 알고 있는 입장에서는 아쉬

로베르트 피게 프라카스

운 일이지만요. 빈티지 프라카스를 경험하게 된다면 갑 티슈 향의 원본이 어떤 것인지 느껴볼 수 있어 흥미로울 거예요.

1940년대는 전쟁으로 인해 향수 역사에서 많은 일이 일어나지는 못한 시대였습니다. 전반기에는 유럽이 광범위한 타격을 입었고, 후반기에야 무언가 해보려는 노력이 있었어요. 그럼에도 불구하고 지금까지 영향을 끼치는 전설적인 고전 향수들이 탄생한 시대였습니다.

"

나는 패션에서 은방울꽃을 사랑했고,
이제 향수에서 그 사랑을 구현했다.

패션 디자이너 크리스티안 디올

6

1950년대

여성스러움에 대한
두 가지 해석과 베티버의 발명

✛   향수 취향의 탄생

1960년대 이전은 향수에 있어 뚜렷한 트렌드를 발견하기 어려운 시대입니다. 매체를 통해 대중문화가 본격적으로 확산하기 전이기 때문이에요. 미국에서는 1950년대에 TV 보급이 활성화되어 라디오를 제치고 대표적인 매스 미디어가 되었으나 전쟁으로 큰 타격을 받은 유럽은 달랐어요. 1950년대 후반에서 1960년대 초반까지 TV가 확산되지 못했습니다. 당시에 향수는 말 그대로 사치품이었습니다. 향료 및 여러 관련 제품을 생산하던 유럽이 초토화되었기 때문에 지금처럼 수많은 브랜드가 매년 다양한 향수를 출시할 수 없었어요. 대부분의 사람들은 이전 시대에 나온 향수를 계속 썼고, 그렇기 때문에 지금처럼 특정한 트렌드가 있기보다는 각자 마음에 드는 것을 골라서 사용했습니다.

사용하는 사람의 이미지와 잘 맞는 향수, 혹은 한 사람이 자주 뿌리고 다녀서 향을 맡으면 그 사람이 떠오르는 향수를 시그니처 향수라고 부르는데요. 저는 이 단어를 볼 때마다 1950년대가 떠오릅니다. 당시 향수는 남성이 좋아하는 여성에게 사주는 비싼 사치품이었습니다. 여성들은 한 남성과 결혼해 평생을 보내듯, 남편이 사주는 한 가지 향수를 평생 쓰는 것이 옳다는 인식이 있었습니다. 미국에서 합의 이혼은 1969년에야 법제화되었습니다. 그 이전에는 해당 주의 법에 따라서 특정한 이혼 사유가 있어야만 이혼이 접수되었고 그마저도 판사가 허락하지 않는 경우가 많았습니다. 그 이후에서야 여성들이 진정한 의미에서 자신에게 맞는 향수를 직접 선택해 쓰는 문화가 정착되었어요.

각 시대 여성의 사회적 위치와 역할을 이야기할 수밖에 없는 건 향수가 역사적으로 꾸준히 여성을 주 고객으로 삼아 여성의 취향을 반영한 몇 안 되는 상품 분야이기 때문입니다. 조향사의 세계는 역사적으로 '남초'였습니다. 겔랑 가문에서 태어난 패트리샤 드 니콜라이 Patricia de Nicolaï는 여성이라는 이유로 장 폴 겔랑 Jean Paul Guerlain을 이을 다음 주자로 고려되지 못하고 구직 과정에서 어려움을 겪기도 했어요.˙ 그러나 남성 조향사들은 결국 여성들이 좋아할 만한 향수를 만들어야 했습니다. 아무리 잘 만든 향수여도 당대 여성들의 마음을 사로잡지 못하면 팔리지 않았습니다. 남성들은 좋아하는 여성의 취향에 맞는 향수를 찾았으니까요. 1979년에 나온 겔랑의 나에마는 장미 향수의 마스터피스라고 불리고, 조향사 장 폴 겔랑도 자신이 만든 향수 중 가장 잘 만든 향수라고 말하지만 상업적

•   Sergey Borisov, An Interview with Perfumer Patricia de Nicolaï, Fragrantica

으로 성공하지는 못했어요. 1980년대 중반이라면 모를까 당시에는 어울리지 않는 향이었는데요. 너무 안 팔려서 겔랑 가문 소유의 부동산을 팔아 적자를 메꿔야 했다는 말도 있습니다.

1950년대는 청소년들이 향수에 관심을 갖기 시작한 시대이기도 했습니다. 저렴한 드럭스토어 향수의 등장과 맞물려, 청소년 여성들이 어머니와 함께 자기 취향에 맞는 향수를 고르기 시작했어요. 프롬prom이라고 불리는 미국의 졸업 무도회를 앞두고 남학생들이 여학생 파트너에게 향수를 선물하기도 했습니다.

+ 낭만과 저항 사이에서

우리는 미국의 1950년대에서 마릴린 먼로를 비롯한 화려한 할리우드 여배우들을 떠올립니다. 그러나 정작 마릴린 먼로는 이 시대에 엄청나게 비난받았습니다. 몸매를 강조하는 옷을 입은 것이 충격적이라며 "모든 사람이 뛰어난 취향을 갖고 태어나는 것은 아니지만, 스튜디오에서는 먼로가 대중들 앞에 싸구려 같고 추잡한 모습으로 나오지 않게 관리해야 하지 않느냐"고 지적하는 기사가 나올 정도였습니다.

당시의 이상적인 여성상은 마릴린 먼로로 대표되는 섹시한 여성이 아니라, 모든 집안일을 혼자 다 해내고도 피로한 기색 하나 없이 웃으며 완벽한 화장과 옷차림으로 남편을 맞는 아내였습니다. 남편에게만 아름다워 보여야 했고 절대 힘들어하거나 불평하는 기색을 보이면 안 됐어요. 당시의 광고를 보면 그런 인식이 잘 드러납니다.

이런 억압적인 인식에는 모순적인 면이 있습니다. 미국 여성들은 영국 여성들보다 8년 이른 1920년에 참정권을 얻어냈고, 처음으로

• "Everyone isn't born with taste, But surely when "a star is born" her studio should see it that the public doesn't see her looking cheap and vulgar." Edith Gwynn, Los Angeles Mirror, 1952. 2. 18.

The Chef
does everything
but cook
- that's what
wives are for!

"Cooking's fun" says my wife "... food preparation is a bore! Think of the meals I'd cook you if I had a Kenwood Chef!" For the Chef beats, whisks and blends. With its attachments it liquidises, minces, chops, cuts. Slices, grinds, pulps. It shells peas and slices beans. Peels potatoes and root vegetables. Opens cans, grinds coffee. Extracts fruit and vegetable juices. It helps with *every* meal—from a welsh rarebit to a four-course dinner. I can take a hint — I'm giving my wife a Kenwood Chef right away!

Other products in the range of Kenwood Kitchen Equipment Freezers, Refrigerators, Dishmaster Dishwashers, Wastemaster waste disposal unit. Rotisserie Rotary Spit and Electric Knife Sharpener.

The Kenwood Chef complete with two beaters, bowl and a big recipe and instruction book is yours for only 28 gns. tax paid. (Easy terms are available.)

JUST FOUR OF THE CHEF'S WONDERFUL ATTACHMENTS

MINCER   LIQUIDISER   POTATO PEELER   CAN OPENER

The Kenwood Chef has more attachments — does more jobs with you — than any other food preparing machine.

Send off this coupon for a husband-persuading leaflet about the Kenwood Chef

NAME

ADDRESS

Hv. 50

enwood Manufacturing (Woking) Ltd., New Lane, Havant, Hants.
ONE OF THE KENWOOD GROUP

I'm giving my wife a
Kenwood Chef

주방 기구 광고에서 묘사된 이상적인 아내의 모습

대서양을 횡단한 여성 비행 조종사인 아멜리아 에어하트는 미국인이었습니다. 2차 세계 대전 때 미국 여성들은 군수 물자 생산에 참여한 것은 물론 무려 35만 명이 육군, 해군, 공군에 지원했습니다. 원자 폭탄 개발 프로그램이었던 맨해튼 프로젝트에도 여성들이 참여했습니다.

그러나 전쟁이 끝나고 난 후 미국 사회는 여성들에게 다시 집으로 돌아가서 가정주부가 돼라는 메시지를 보냈습니다. 몇 가지 이유가 있었는데요. 우선 남성들이 전쟁에서 돌아왔기 때문에 징집된 남성들의 빈자리를 채워주던 여성 인력이 더 이상 필요하지 않았기 때문입니다. 많은 여성들이 잘 다니던 직장에서 해고됐어요. 냉전 시대의 영향도 있었습니다. 1940년대 후반부터 1954년 4월 맥카시 상원의원이 힘을 잃기 전까지 미국에는 매카시즘의 광풍이 불었는데요. 이때 공산주의자들은 종교를 적대시하니 기독교적 질서를 바로 세워야 한다고 해서 기독교적인 가부장제 질서가 사회적으로 강요되기 시작했어요.

이런 억압적인 인식하에서도 향수는 계속해서 여성들의 욕망과 취향을 반영하고, 기성 질서에 맞서며 나아갔습니다. 이 과정에서 이전 시대의 향수들이 다시 주목받았어요. 무엇을 입고 잠자리에 드냐는 질문에 마릴린 먼로가 "샤넬의 No.5"라고 답한 것은 유명한 일화이기도 하죠. 샤넬 No.5는 1921년에 나온 향수였어요. 디올의 미스 디올(1947)도 꾸준히 유행했습니다.

1950년대에 나온 향수들을 보면 가볍고 부드러운 향수와 자기 주장이 뚜렷한 향수들 사이의 긴장이 느껴집니다. 두 가지 스타일이 공존한 것은 패션에서도 마찬가지였습니다. 1950년대 초반에 유행한 패션이 1940년대 디올 뉴 룩의 영향을 받은, 구조가 탄탄한 A라인 원피스에 장갑과 모자까지 갖춰 입는 느낌이었다면, 1950년대 중후반에는 장갑과 모자까지 챙겨 입는 틀은 비슷했으나 더 다양한 실루엣이 인기를 끌었습니다. 특히 1950년대에 처음으로 청소년층이 구매력을 가지기 시작하면서 같은 A라인이라도 부드럽고 자연스러운 선과 여러 가지 패턴이 들어간 스타일이 유행했습니다.

✛   **무겁고 복잡한 향: 에스티 로더 유스 듀,
발망 졸리 마담의 향 조합법**

1950년대 초반에는 무겁고 복잡한 향이, 후반으로 갈수록 가벼운 플로럴 향이 인기를 끌었습니다. 1950년대 초반의 무거운 향을 두 가지 향수를 통해 살펴보겠습니다.

첫 번째는 에스티 로더의 유스 듀(1953)입니다. 유스 듀는 배스 오일로 출시된 향입니다. 목욕할 때 욕조에 물을 채우고 배스 오일을 뿌려 향긋한 목욕을 즐기게 돕는 용도였어요. 여성들이 눈치를 보거나 손가락질 받지 않고 편하게 스스로를 위해 향 제품을 구매하도록 만드는 것을 목표로 했다고 합니다. 이 전략은 매우 효과적이어서 비누, 파우더, 향수 등 여러 가지 버전이 나왔어요. 향 자체도 도발적입니다. 스파이시한 향과 플로럴함, 앰버 향이 섞이는데요. 달달하고 스파이시한 첫 향이 섞여 콜라 같은 향이 나는데 매우 미국적이라고 생각했습니다. 그러다가 플로럴과 파우더리함이 나오고, 잔향에서는 달콤한 향과 인센스 향이 섞여 무게감을 줍니다. 이 향을 청소년들이 몰래 쓰곤 했다고 하는데, 그런 반항적인 청소년들을 떠올리면 살짝 미소가 지어져요.

비슷한 시기에 발망의 졸리 마담(1953)이 나왔습니다. 지금 우리

에스티 로더 유스 듀 Youth-dew

가 맡아보면 중성적이라는 느낌이 들 수도 있는데요. 당시에는 이런 향이 성숙한 숙녀의 향이었어요. 졸리 마담은 레더 시프레 계열 향수입니다. 사실 이런 향은 로베르트 피게의 밴디트(1944)에서부터 이어지는 시프레의 표현 방법이에요. 같은 시대에 나온 그레의 까보샤(1959)도 비슷한 계열입니다.

졸리 마담의 첫 향은 쑥과의 식물인 아르테미지아 향이 강하게 나서 그린하지만 너무 쌉쌀하지는 않고, 달콤한 플로럴 향이 나면서 시간이 지나면 그린함에 파우더리한 바이올렛과 스웨이드 향이 들어가 우아한 느낌을 줍니다. 그러다 잔향은 레더와 이끼의 오크모스 향이 나서 어둡고 무게감이 있으면서도 그린한 느낌이 살아있어 생동감이 있습니다. 이처럼 복잡하고 풍부한 향이 주류였다가, 디올 디오리시모의 등장으로 트렌드가 바뀌게 됩니다.

발망 졸리 마담Jolie Madame 광고 포스터

발망 졸리 마담

가볍고 부드러운 향수: 디오리시모가 제시한 단순함의 미학

디올의 디오리시모(1956)는 고전적인 은방울꽃 향의 정수입니다. 이것만큼 아름다운 은방울꽃 향수를 맡아본 적이 없어요. 현재 나오는 디오리시모는 많은 재조합을 거쳐 그 아름다움이 많이 퇴색되었는데, 빈티지 디오리시모를 맡으면 정말 감탄하게 됩니다. 디오리시모는 은방울꽃을 사랑했던 크리스티안 디올의 일화가 담긴 향수입니다. 크리스티안 디올에게 은방울꽃은 행운의 꽃이었어요. 패션쇼를 할 때마다 은방울꽃을 옷단에 기워넣기까지 했죠. 크리스티안 디올이 사망했을 때, 그의 관은 은방울꽃으로 뒤덮였습니다.

조향사 에드몽 루드니츠카는 크리스티안 디올에게서 은방울꽃 향수를 만들어 달라는 부탁을 받았습니다. 은방울꽃은 자연적으로 향을 추출하기 어려운 꽃입니다. 2023년이 되어서야 추출 방법이 개발됐어요. 은방울꽃을 어떻게 향수로 재현할까 고민하던 루드니츠카는 점점 더 복잡한 향수가 유행하던 당시 트렌드에 반해 깔끔하고 단선적이면서도 아름다운 향수를 만들기로 결심했습니다. 은방울꽃을 직접 정원에 키워 향을 맡는 등 오랜 노력 끝에 디오리시모가 나왔어요. 은방울꽃의 깨끗한 향이 피어나는데, 동시에 너무

디올 디오리시모Diorissimo 광고 포스터

디올 디오리시모

날카롭지는 않게 다른 꽃들이 받쳐줍니다. 다른 꽃들은 은방울꽃이 가진 아름다움의 한 부분 부분을 강조해 주는 역할만 합니다. 잔향에 살짝 우디한 향과 애니멀릭한 향이 있긴 하지만 은방울꽃의 깨끗하고 맑은 향을 보조하며 무게감을 주기만 하지요. 이처럼 단순하고 자연스러운, 가벼운 향이 나온 다음부터 니나 리치의 레르 뒤 땅 등 가벼운 향수들이 유행하게 됩니다.

니나 리치의 레르 뒤 땅(1948)은 1950년대에 유행한 부드럽고 가벼운 향수의 대표적인 예입니다. 두 마리의 비둘기가 부리를 맞대고 있는 향수병 디자인으로 유명하기도 해요. 전쟁의 상흔을 겪은 후, 평화롭고 밝은 느낌의 향수를 원했던 사회 기조에 정확히 들어맞았던 향수였습니다. 카네이션이 주가 되지만, 알데하이드가 들어가 스파이시하고 강렬하기보다는 부드럽고 깨끗하고, 카네이션 외의 밝은 꽃들이 은은한 향을 내줍니다. 이처럼 알데하이드가 들어간 플로럴 향수들을 알데하이딕 플로럴이라고 하는데, 샤넬 No.5 이후부터 계속 여성 향수에서 활용되는 알데하이드와 꽃 향의 조합입니다.

또 다른 사례는 지방시의 랑떼르디(1957)입니다. 랑떼르디는 본래 지방시에서 오드리 헵번을 위해 만든 향수였습니다. 향이 너무 좋아 지방시에서 이를 대중에게도 판매하겠다고 했는데, 오드리 헵번이 거부한 일화 때문에 금지한다는 뜻의 랑떼르디라는 이름을 갖

니나 리치 레르 뒤 땅L'Air du Temps 광고 포스터

니나 리치 레르 뒤 땅

게 되었습니다. 향을 맡아보면 정말 사랑스러운, 달콤한 딸기 향이 들어간 플로럴 향입니다. 이 향수 역시 알데하이딕 플로럴 계열이고, 파우더리한 향이 우아함을 더해 줍니다. 이 설명은 빈티지 기준이고, 지금 나오는 랑떼르디는 많이 재조합되어 느낌이 다릅니다.

지방시 랑떼르디 L'interdit

✛   남성 향수의 혁신: 캐주얼 룩과 베티버

1950년대에는 남성 타깃 향수에도 중요한 혁신이 일어납니다. 베티버 향수가 이때 처음 나오고 유행하기 시작해요. 맨 처음 나온 향은 까르방의 베티버(1957년, 지금 나오는 버전보다 향이 묵직합니다)인데, 베티버 향의 표현에 크게 영향을 끼치며 유행한 향은 겔랑의 베티버(1959)입니다. 이것 역시 남성 패션에 다양성과 캐주얼한 룩이 생기기 시작하던 이 시대의 기조를 반영합니다.

남성복은 본래 수트가 기본이었습니다. 수트에서 출발해 더 캐주얼한 옷이 등장하기 시작했어요. 티셔츠가 대표적인 예입니다. 티셔츠는 원래 군용 속옷이었는데요. 말론 브랜도가 「욕망이라는 이름의 전차(1951)」에서 흰 티셔츠를 입고 나오면서 속옷이 아닌, 그 자체로 입을 수 있는 캐주얼 복장으로 인식되기 시작했습니다.

가수 엘비스 프레슬리도 캐주얼한 자켓을 선보였고, 제임스 딘은 「이유 없는 반항(1955)」에서 청바지를 입고 나와 본래 노동자 계층의 옷이던 청바지를 모든 사람이 즐길 수 있는 패션 아이템으로 만들었습니다.

향수도 이런 패션에 맞게 이전과 다른 형태를 취해야 했어요. 라벤더와 오크모스, 통카빈의 구조를 가진 전통적인 남성 타깃의 푸제르 향수보다 가볍고 신선한 베티버가 중심이 되는 향수가 이런 트렌드에 잘 맞았습니다.

겔랑의 베티버는 정원사가 피우던 담배, 갓 깎은 잔디의 향, 가죽 장갑 등에서 영감을 받았다고 합니다. 원래 멕시코에서 1890년대 즈음에 나온 겔랑의 베티버 향수가 큰 인기를 끌어 1959년에 중남미 시장을 노리고 새로 만들었고, 좋은 반응을 얻자 1961년에 유럽과 미국에도 출시했습니다. 알데하이드, 시트러스 같은 프레시한 향으로 시작해서, 마치 아침 안개가 긴 것 같은 습한 정원의 풀 내음과 함께 파우더리함이 부드럽게 향을 풀어나갑니다. 우디함과 타바코 향이 섞이며 향을 조금 더 건조해지게 하나 흙, 찻잎 같은 향도 나서 정원의 느낌을 계속 가져갑니다. 잔향은 풀 냄새와 달콤한 통카빈의 향이 따스한 느낌을 더해 줍니다.

아주 아름다운 향이기에 유명해질 만하다는 생각이 듭니다. 남성들을 타깃으로 해서 나왔지만 여성들도 쓸 정도로 인기가 있었고, 고전 중의 고전이라고 불리는 베티버 향수죠. 이 향수가 나오고 나서 지방시의 베티버(1959, 지금 나오는 향과는 다릅니다) 등 베티버를 중심으로 하는 향수가 나왔고, 지금의 베티버가 중심이 되는 모든 향수가 겔랑 베티버의 성공에 의해 만들어졌다고 해도 과언이 아닙니다.

겔랑 베티버Vetiver

"

패츌리는 단순한 향이 아니다. 깊이와
신비로움을 더하며, 영혼을 담아낸다.

패션 디자이너 코코 샤넬

7

1960년대

**히피와 패츌리, 머스크,
인센스**

✛   히피 운동과 향

1960년대는 향수 역사에서 많은 일이 일어나지 않은 시대입니다. 히피 운동이 전 세계적으로 확산되고, 미국에서는 여성주의 운동, 흑인 민권 운동 등이 발생했던 상황 때문이죠. 그렇다고 해서 향 자체가 외면 받은 것은 아니에요. 향수가 아닌 형태로 향을 즐기는 방법이 유행했습니다. 1960년대를 풍미한 향을 꼽는다면, 특히 서양에서는 인센스 스틱, 오일 등이라고 할 수 있습니다. 여기에 히피 문화가 영향을 미쳤고요. 이 시대의 향수를 이해하기 위해 히피 운동이 무엇이었는지, 어떤 점 때문에 향수에 대한 수요가 줄었는지 살펴봐야 하는 이유입니다.

히피 운동을 이끈 사람들은 대부분 중산층 백인 청년들이었습니다. 2차 세계 대전이 일어난 후 1950년대에는 여러 의미로 사회의 보수적 경향이 강화됐어요. 냉전으로 인해 서구 국가들은 소련으로 대표되는 공산주의적 가치의 확장에 대비해 자본주의적 가치를 구축해야 한다는 압박을 겪었습니다. 미국은 전쟁으로 황폐화된 서유럽에 대한 원조를 강화하고, 기독교적 가치관을 공고히 하려 했어요. 공산주의자들은 종교를 부정적으로 본다고 생각했기 때문이죠. 여기서 기독교적 가치관이란 핵가족, 그것도 남성이 직업을 가지고

일을 하여 가정일을 하는 여성과 아이들을 먹여살리는 구조를 의미해요. 당시의 여러 제품 광고를 보면 이런 이상적인 핵가족의 모습을 볼 수 있습니다.

1960년대에는 2차 페미니즘 물결이 시작되면서 1950년대에 이상적으로 제시되었던 남녀의 역할 분담에 대한 여성들의 불만이 터져 나왔습니다. 가정일만 하는 여성보다 직장이 있는 여성들이 더 행복하다는 통계 결과가 발표되고* 가정 폭력, 부부간 성폭력 등 행복한 핵가족이라는 이상을 위해 은폐돼 온 폭력이 고발되기도 했어요. 그러나 사회는 오히려 여성들을 더욱 옥죄는 방식으로 대응했습니다.

새로운 세대의 젊은이들은 1960년대 내내 자신들을 옭아맨 1950년대 주류 사회 구조에 염증을 느꼈습니다. 성차별 외에도 금기시되는 것들이 많았기에 억압적이고 고리타분하다고 느낄 수밖에 없었어요. 기독교적, 자본주의적 이상을 강조하며 물질주의적인 규범이 형성되었는데, 이런 이상을 완벽하게 따를 수 없었던 젊은 세대는 사회에서 소외되었다고 느꼈죠. 그래서 대안적 움직임을 만들어낸 것이 바로 히피 운동입니다. 주류 문화에 저항하는 반문화의

---

* 베티 프리단, 『여성성의 신화』, 1963.

대표적인 예이기도 합니다.

히피 운동은 이상적인 핵가족에서 벗어난 공동체적 생활에 대한 실험, 깔끔하고 정돈된 머리 스타일이 아닌 장발, 성적 자율권, 수제로 만든 옷이나 가공품, 자연 친화적 모습, 기독교적 전통에서 벗어난 동양 종교에 대한 관심과 여기에서 영감을 받은 패션으로 거칠게 축약될 수 있을 것입니다. 물론 모든 운동이 그렇듯 히피 운동에도 모순적인 면이 있었어요. 종교적 의식을 앞세워 대마 등 환각 증세를 일으키는 마약을 사용하거나, 성적 자율권에 대한 몰이해로 성폭력과 성 착취 범죄를 일으키거나, 자율권을 주장하면서도 1960년대에 큰 규모로 일어난 인종 차별 철폐 운동이나 성 소수자 인권 운동에는 참여하지 않았습니다. 작은 상점이나 농장을 차릴 수 있을 만큼 재정 상황이 좋은 히피들도 많았고요.

✚ 패츌리: 대마 문화와 시원하고 매캐한 향

이런 배경에서 히피들이 주로 쓰던 향 제품은 그들 입장에서 이 국적이고 신비로운 느낌을 주는 향, 즉 인센스 스틱이었습니다. 인 도산 샌달우드에 참파카 혹은 플루메리아 향을 섞은 인도의 향 나그 참파, 인도산 샌달우드, 우리가 피우는 향 하면 떠올리는 인센스 향, 그리고 패츌리 등 말린 식물에 불을 붙여 연기를 내는 형태로 사용 했어요. 당시 고가였던 향수는 자본주의적이라며 멀리하는 히피들 에게 인센스 스틱은 좋은 대체재가 되었습니다.

히피들이 자주 쓴 향 제품에는 오일도 있습니다. 식물성 재료에 서 향을 추출한 에센셜 오일은 비교적 만들기 쉬워 자연 친화, 수제 작, 소규모 상업을 지향했던 히피들이 직접 만들어 팔기도 했어요. 당시 히피들은 대마를 자주 투약했기에 대마 문화가 생겨났습니다. 우리가 보기엔 이게 무슨 문화인가 싶지만, 대마를 통해 창의력을 증진시키고 의식을 넓힐 수 있다고 믿는 사람들을 중심으로 대마와 관련한 에티켓, 예술, 문학 등이 형성됐어요. 그래서 대마를 하는 데 에 필요한 물품뿐 아니라 히피스러운 옷, 포스터, 관련 정보를 담은 잡지 등을 파는 가게가 생겨났습니다. 그런 가게에서는 패츌리 향이 강렬하게 났다고 해요. 이렇게 히피들이 자주 가는 가게부터 시작해서 히피들의 몸과 머리카락에서도 강한 패츌리 향이 났기 때문에 1960년대를 대표하는 향으로 꼽힙니다.

패츌리는 흙 향과 잔디 같은 풀 향, 나무 냄새가 나는 꿀풀과의 식물입니다. 동남아시아와 남아시아에서 인센스에 사용하기도 했고, 벌레를 쫓는 용도로도 썼습니다. 그래서 서양과의 교역이 시작되었을 때 비싼 비단이 길고 긴 항해 과정에서 벌레 먹어 삭아버리지 않게, 패츌리 잎을 비단 사이에 넣었어요. 유럽인들은 수입한 비단에서 낯설고 향기로운 향이 나는 것을 발견했고, 부유한 사람들 사이에서 패츌리 향이 인기를 끌기 시작했습니다. 이렇게 고급스러운 향으로 인식됐지만, 사실 패츌리는 키우기 쉽고, 꽃이 아닌 잎을 사용하기 때문에 꾸준히 수확할 수 있었어요. 금세 흔한 향이 된 패츌리는 싸구려 향 취급을 받게 됐습니다. 이런 과정을 보면 우리가 생각하는 향의 고급스러움이 향 자체에서 생긴 것이 아니라, 향을 둘러싼 사람들의 인식에서 만들어지는 것이라는 생각도 듭니다.

어느 정도 유명한 향이 된 패츌리는 이후에도 꾸준히 아시아에서 많이 쓰였어요. 그리고 1960년대에 히피들의 향이 되었습니다. 향자체가 강한 편이어서 헤어 오일로, 인센스로도 많이 쓰고 그냥 말려서 가게에 걸어 놓기도 했습니다. 히피들이 왜 하필 패츌리를 선호했는지에 대해서는 여러 가지 설이 있어요. 적당히 값이 쌌다, 대마와 담배, 술 냄새를 숨기기 좋은 강한 향을 가지고 있었다, 이국적인 향기가 났다 등의 추측이 있고, 어쩌면 이 모든 추측이 맞을지도 모릅니다. 패츌리는 향이 풍부하기 때문에 다양한 방식으로 표현할 수 있는데요, 흙 냄새와 매캐한 향이 강한 패츌리를 히피스러운 패츌리 향, 1960년대 패츌리 향이라고 부르기도 합니다.

✢ 머스크: 성적 개방성과 관능

1960년대에는 향수에 영향을 미친 중요한 기술 발전도 있었는데요. 1960년대 중반부터 서구권 주요 국가들에서(미국은 1950년대부터) 컬러 TV 방송을 시작했습니다. 즉 화려한 색상으로 광고를 퍼부을 수 있게 되었어요. 이미 존재하던 대규모 브랜드의 향수도 그렇지만, 특히 저렴한 드럭스토어 향수들이 TV 광고에 막대한 돈을 썼습니다. 드럭스토어에서도 쉽게 살 수 있는 싼 향수들로, 대표적으로 에이본, 다나, 코티, 조반, 맥스 팩터, 보니벨 등의 브랜드가 있어요. 은방울꽃 같은 맑은 플로럴 향부터 이국적인 인센스 향까지 갖가지 종류의 향을 빠른 시간에 만들어내서 다양한 취향을 가진 사람들을 만족시킬 수 있었고, 특히 저렴함을 장점으로 젊은 층을 겨냥한 것이 맞아떨어지면서 인기를 끌었습니다.

1960년대에는 머스크 향도 인기를 끌었습니다. 앞서 히피들이 추구한 가치 중 성적인 자유가 있었다고 했는데요. 미국에는 헤이스 코드Hays Code라는 이름으로 영화에서 금지하는 것, 연출 시 주의해야 할 사항 등이 포함된 검열 제도가 1934년에서 1968년까지 시행됐습니다. 동성애, 나체(실루엣 포함) 등이 금지되었고 첫날밤 장면, 여성과 남성이 함께 침대에 누워 있는 장면, 과한 키스 등은 연출 시

매우 주의해야 할 것으로 취급되었어요. 매카시즘 시대를 지나면서 점점 더 엄격해진 성적 검열과 압박에 젊은이들은 짜증과 권태를 느꼈고, 성적 자유를 외치게 되었습니다. 서양에서 전통적으로 성적인 뉘앙스를 가진 대표적인 향조인 머스크가 주목받게 된 것이죠.

우리가 지금 경험하는 머스크 향은 사실 실제 사향노루의 향낭에서 채취하는 향, 즉 블랙 머스크와는 조금 차이가 있습니다. 머스크는 향수 산업이 발달하면서 비싸고 구하기 어려운 재료가 되었어요. 향낭에서 머스크를 채취하려면 멸종 위기종인 사향노루를 필연적으로 죽여야 하고, 사향 1kg을 추출하려면 일반적인 크기의 수컷 사향노루가 40마리나 필요했습니다. 비싼 사향을 대체하기 위한 합성 머스크, 화이트 머스크는 1888년에 발명되었지만, 19세기 말과 20세기 초반에 합성 머스크가 인체에 어떤 영향을 끼칠지 모른다, 향수를 저렴하게 만들지 말라는 유통업자들의 반발을 겪기도 했어요. 그러나 결국 1979년 멸종 위기에 처한 야생 동·식물의 국제 거래에 관한 협약CITES으로 사향노루 사냥이 금지되어 지금 우리가 향수에서 맡을 수 있는 머스크 향은 모두 화이트 머스크입니다. 블랙 머스크보다 포근하고 부드러운, 살결 같은 향이에요. 농도가 높으면 분비물 같은 향까지도 나는 블랙 머스크보다 부드럽지만, 여전히 머스크 향은 서양에서 센슈얼하고 성적인 요소와 연결되어 있습니다.

드럭스토어 향수 중 인상적인 것은 알리사 애슐리의 머스크입니다. 향 자체는 그리 대단하지 않아요. 머스크 향과 여러 꽃 향을 섞어 포근하고 부드럽고 달콤한 향을 내는 향수입니다. 그러나 포장지에 남성과 여성을 상징하는 심볼을 서로 엮어 놨어요. 당시 성적인 자유를 추구하는 분위기 속에 성에 대한 가시화가 있었음을 짐작할 수 있습니다. 당시 이런 향은 이집트식 머스크 오일Egyptian musk oil 이라고 불리며 유행했는데요. 실제 이집트와는 관계가 없고, 우리가 현재 생각하는 포근한 머스크 향과 꽃 향을 섞은 향입니다. 비슷하게 머스크를 표현한 향수로는 나르시소 로드리게즈의 나르시소 포 허(2006)가 있습니다. 이 향수는 2000년대 향수이기 때문에 알리사 애슐리의 머스크에서 잔향을 잡아주는 역할을 한 오크모스 대신 패츌리와 샌달우드 노트로 향을 받쳐줍니다. 1960년대의 머스크 향은 요즘 한국에서 유행하는 MSBB My Skin But Better, 즉 내 피부 같지만 더 좋은 향의 조상이라고도 볼 수 있어요. 조반 섹스 어필, 코티 와일드 머스크, 보니벨 머스크 등이 트렌드를 1970년대 중반까지 이어간 향수라고 볼 수 있습니다.

2020년대에는 Y2K라는 이름으로 1990~2000년대 패션이 유행했다면, 1990년대에는 잠시 1960년대 열풍이 있었습니다. 머스크, 패츌리, 인센스 향이 돌아왔던 거죠. 이를 다룬 1992년의 『뉴욕 타임스』기사˙는 무수히 복제된 1960년대의 유일하게 남은 영역은 향밖에 없는 걸로 보이지만, 이것도 돌아오고 있다고 언급합니다. 물론 1992년에 티에리 뮈글러의 엔젤이, 1994년에 캘빈 클라인의 CK 원이 등장해 크게 히트하면서 1960년대 향의 트렌드는 사그러들었지만, 1960년대 향의 영향력을 확인하기 좋은 자료입니다.

• Elaine Louie, Scents of 60's Wafting Again (No, Not That One. Musk.), New York Times, 1992. 1. 22.

✛ 1960년대 초반: 이전 시대의 우아함을 이어간 향수들

장 파투의 칼린(1964)은 처음으로 청소년을 위해 만들어진 향수입니다. 50년대에 서구의 베이비 붐 세대를 중심으로 형성된 청소년 문화가 향수 업계에도 영향을 미쳤음을 보여줍니다. 이전 시대 향수 광고에서는 볼 수 없는 나이대의 어린 여성이, 행복하고 자유롭게 뛰는 이미지를 사용했습니다.

칼린의 향 자체가 엄청나게 혁신적이지는 않습니다. 이전 시대의 여성 타깃 향수에 자주 사용된 알데하이드와 플로럴함, 그리고 우리에게는 조금 덜 친숙한 오크모스가 느껴져요. 그러나 이전 시대의 다른 알데하이드와 플로럴이 들어간 시프레 향수보다 가볍고 부드럽습니다. 그래서 행복하고 밝은 느낌이 있어요. 비슷한 시기에 나온 입생로랑의 첫 향수인 Y(1964)˙도 칼린과 비슷하게 깔끔한 알데하이드로 시작해서 행복하고 그린하고 부드러운 시프레 느낌을 가지고 있습니다. 다만 과일 향이 더 많이 들어가 달콤합니다.

이 당시에 히피들만 있었던 것은 아니었으니, 일반 향수의 영역

˙ 1964년에 나온 Y를 말하는 것으로, 지금 나오는 Y는 남성 향수지만 빈티지 Y는 그렇지 않다.

에서 1960년대 초반에는 1950년대 말의 트렌드가 계속 이어졌습니다. 흐름이 크게 바뀌지 않았기 때문에 이전 시대의 향수를 많이 사용했어요. 니나 리치의 레르 뒤 땅(1948), 디올의 디오리시모(1956), 로샤스의 마담 로샤스(1960), 지방시의 랑떼르디(1957, 빈티지 버전), 에르메스 깔레쉬(1961)등이 사랑받았어요. 마담 로샤스를 살펴봅시다.

마담 로샤스의 향은 은은하고, 쌉쌀한 그린 향으로 시작했다가 가벼운 플로럴으로 넘어간 후 시프레 향수 특유의 쌉쌀한 향으로 끝나요. 그러나 격식을 차린, 우아한 느낌이 있습니다. 이런 느낌이 1950년대 말에 유행했어요. 에르메스의 깔레쉬도 알데하이드와 플로럴이 들어간 시프레 향수지만 특이하게 처음에 매우 우디하고 인센스 같은 향을 내는, 측백나무(사이프러스) 향이 들어갑니다.

로샤스 마담 로샤스

✙ 남성 타깃 향수: 성별의 경계를 넘나드는 시도

1960년대 초중반 향수는 직전 시대 향수의 연장선상에 있었지만, 남성 향수 중 독특한 시도를 한 것이 몇 가지 있어요. 겔랑의 아비 루즈(1965)는 승마인들이 입는 붉은 재킷에서 이름을 따왔습니다. 향은 겔랑 샬리마(1925)의 남성 버전이라고 할 정도로 유사한데요. 그보다 우디하며 매캐한 인센스 향, 가죽 향이 납니다. 프레시한 베르가못으로 시작해 우디, 레더, 인센스를 거쳐 겔랑 특유의 바닐라와 레진 향이 느껴지는 부드러운 잔향으로 끝나요. 겔랑 향수에서 자주 맡을 수 있는 잔향, 겔리나드입니다.

아라미스(1966)는 에스티 로더의 남성 코스메틱 라인인 아라미스에서 나온 향수입니다. 아라미스는 처음에 그린함과 시트러스로 시작한 뒤, 쿠민이 들어가 땀 냄새 비슷한 향이 납니다. 이런 향이 자스민의 향긋함, 그리고 빈티지 향수에서 맡을 수 있는 서류 가방 안쪽을 연상시키는 가죽 향과 섞여 여성향 향수인 로샤스의 팜므(1944)와 비슷한 향이 나요. 여성 향수에서 쓰이던 테마를 우디함과 레더를 더 넣어 조금 더 남성적으로 변형한 것이 놀랍기도 하고, 비교해서 맡기가 즐거운 향이었어요.

디올의 오 소바쥬(1966)는 20세기 최고의 조향사 중 한 명으로 거

겔랑 아비 루즈Habit Rouge

아라미스Aramis

론되는 조향사 에드몽 루드니츠카의 역작입니다.' 오 소바쥬는 코롱 계열의 향수입니다. 오 소바쥬에는 헤디온이라는 합성 향료가 들어갑니다. 부드럽고 깨끗한 꽃 향이 나는, 자스민에서 추출하는 향이에요. 요새는 여성 향수에 거의 필수적으로 들어가는 향료인데, 이런 향을 남성 향수에 주된 요소로 넣는 것 자체가 새로운 시도였습니다. 헤디온은 1960년대에 발견된 향료였기 때문에 에틸 말톨이 들어간 티에리 뮈글러의 엔젤(1992), 칼론이 들어간 다비도프의 쿨 워터(1988)처럼 새로운 향료를 사용한 혁신적인 시도였어요.

디올에는 오 소바쥬 이후에도 여성 향수에 주로 쓰이는 향을 사용하되 중성적으로 표현해 낸 남성 타깃 향수가 있어요. 옴므(2005)입니다. 화장품이나 립스틱을 떠오르게 하는 파우더리한 아이리스와 코코아 향을 내는 카카오 닙스 노트가 들어감에도 라벤더, 레더, 베티버와 패츌리로 남성 타깃 향수의 특징을 살려낸 매우 잘 만든 향수입니다. 남성적이라고 생각되는 노트를 여성향 향수에 쓰는 경우는 정말 많지만, 그 반대 방향의 향수는 많지 않기에 디올의 이런 기조가 눈에 띄어요.

오 소바쥬는 로즈마리를 넣은 레모네이드처럼 청량하고 아로마

• 지금 나오는 푸른색의 소바쥬와는 다른 향수다.

틱한 향이 플로럴한 헤디온, 라벤더와 섞이고, 패츌리와 베티버의 우디함과 따스한 앰버로 끝납니다. 그래서 시원하고 가벼우면서도 끝에서는 포근해져요. 상쾌함과 무게감의 균형이 잡혀 있어요.

"

세상에서 가장 강인한 여성들에게

샤넬 No.19 광고 문구

8

1970년대

**캐주얼 패션,
생활 체육과 함께 등장한
그린, 허브, 시트러스**

✛ 샤넬 No.19: 캐주얼 패션의 탄생과 그린 향수

1970년대에는 그린 계열 향을 사용한 향수가 유행했습니다. 여러 배경이 있는데, 먼저 합성 섬유의 사용이 보편화되었습니다. 싸게 대량으로 옷을 제조할 수 있게 되어 캐주얼한 패션이 본격적으로 탄생했어요. 랩 원피스, 점프 수트가 유행했습니다. 그래서 1970년대를 폴리에스테르의 시대라고 부르기도 합니다.' 이런 캐주얼한 패션에 너무 차려 입은 듯한 느낌의 향수들은 어울리지 않았겠죠.

또 생활 체육에 대한 관심이 높아졌습니다. 운동할 때만 운동복을 입는 것이 아니라, 운동복의 요소를 패션에 접목시키기 시작했어요. 활동량이 많아져 땀이 나고 덥기 때문에 쾌청한 자연을 연상시키는 그린하고 프레시한 향수를 선호했습니다. 페미니즘 운동을 거치면서 여성들은 자연스러운 향을 선호하기 시작했습니다. 여성에게서 왜 인위적인 화장품 향이 나야 하느냐고 반문하기 시작한 것이죠. 풀이나 잎사귀를 떠올리게 하는 그린 향은 성별에 관계없이 잘 어울리는 향입니다. 마치 물에 성별이 없는 것처럼요. 사회로부터 전형적인 여성성을 강요받고, 직장에서 여성이라는 이유로 차별 받

•   Karina Reddy, 1970-1979, Fashion History Timeline, 2019. 10. 3.

던 여성들에게는 그린 향이 자신을 드러내면서도 차별과 억압으로부터 자유로워질 수 있는 선택지였습니다. 그렇기 때문에 그린 향을 사용한 향수도 당시 기준으로 세련되고 현대적인, 멋진 커리어 우먼 같은 이미지를 차용했습니다. 대표적인 예가 1970년에 나온 샤넬의 No.19입니다.

광고 포스터를 보면 당시 샤넬에서 No.19을 어떤 이미지로 보이려 했는지 알 수 있습니다. 여성 모델은 웃고 있지도 않고, 고혹적인 표정을 짓지도 않아요. 홀로 조명된 채 팔을 걷어올리고 중성적인 복장으로 정면을 응시하고 있지요. 광고 카피에서도 "세상에서 가장 강인한 여성들 the world's most irrepressible women"에게 바치고 있습니다. 다른 포스터에서는 상대적으로 점잖은 표정을 지은 여성이 활짝 웃고 있는 남성을 주도적으로 자신 쪽으로 당기고 있습니다. 전통적으로 서양화에서는 남성과 여성이 함께 있는 그림을 그릴 때 남성을 보는 사람의 왼쪽, 즉 먼저 눈이 닿는 쪽에 둡니다. 물론 예외도 있지만 이 구도는 사진으로도 이어져 비슷한 구도가 정형화되어 있었는데요. 이 광고에서는 여성이 왼쪽에 위치합니다. 더 주도적인 방향에 놓여 샤넬 No.19의 독립적이고 주도적인 여성상을 보여줍니다.

No.19은 향 자체도 지금 맡아도 좋습니다. 현재의 샤넬 No.19은

샤넬 No.19

재조합되어 과거와는 조금 달라졌지만, 처음에 매우 알싸하고 그린한 갈바넘이 들어가 공격적이고 푸르른 느낌을 줍니다. 갈바넘은 풀의 수지에서 추출한 그린 계열 향의 일종이에요. 어렸을 때 잔디와 잡초를 찢으며 놀았다면 아시겠지만 잎사귀를 뜯다 보면 생생한 풀내음이 신선하다 못해 쌉싸름한 향까지 나요. 바로 그런 쌉쌀한 향이 납니다. 그러다가 아이리스 특유의 파우더리한 분 내음 같은 향이 주가 되어 직전에 풍기던 공격적인 그린함과 대비되는 부드럽고 우아한 향이 나고, 잔향은 빈티지 버전에서는 특히 숲 바닥의 냄새 같은 달콤쌉쌀하고 어두운 오크모스와 아이리스, 약간의 머스크로 끝납니다.

지금은 어떻게 느껴질지 모르지만 No.19은 향의 표현법 자체가 대단한 향수입니다. 요즘 나오는 향수들을 맡아보면 첫 향이 달달한 경우가 많아요. 사람들에게 쉽게 호감을 살 만한 향을 먼저 배치하는 거죠. No.19은 첫 향이 공격적이고 쎄합니다. 시간을 들여야만 No.19의 아름다움과 부드러움을 느낄 수 있어요. 이런 표현법을 사용한 향수는 현대 향수 중에는 세르주 루텐의 튜베로즈 크리미넬이 있는데, 처음에는 물파스 같은 향이 나다 부드러운 튜베로즈로 전환됩니다. 저는 최근에는 이렇게 시간을 들여야만 아름다움과 속내를 보여주는 향수들에게 매력을 느끼고 있어 No.19의 존재가 더 소중

하게 느껴집니다.

No.19가 유행시킨 갈바넘과 아이리스의 구조를 조금 다르게 표현한 다른 향수도 있습니다. 파코 라반의 칼랑드르는 No.19가 나오기 1년 전인 1969년에 나온 향수인데요. No.19만큼 공격적으로 그린하지는 않아요. 알데하이드와 허브를 넣어 조금 더 상쾌하게 시작한 다음 꽃 향이 더 많이 섞여 납니다. 1971년에 나온 입생로랑의 리브 고슈도 비슷하게 차가운 알데하이드와 레몬, 갈바넘으로 시작한 다음 장미 향이 살짝 가미된 다음에 아이리스의 파우더리함으로 모든 것을 감싸안습니다. 서양인들이 이 향수에 대해 쓴 리뷰를 읽어보면 다들 차갑고 메탈릭하다고 말하더라고요. 저는 엄청난 양의 아이리스 파우더에 묻히는 것 같은 느낌을 받았습니다.

입생로랑 리브 고슈 Rive Gauche

✛   플로럴하게 표현한 그린 향과
70년대의 여성스러움

그린 향수라고 해서 모두 갈바넘과 아이리스의 구조만 취하는 것은 아닙니다. 에스티 로더의 프라이빗 컬렉션은 그린 향을 플로럴하게 표현했어요. 국화의 쌉싸름한 향과 히아신스 향을 넣어 그린함과 플로럴함을 동시에 잡았고, 가벼운 플로럴 향과 그린 향을 섞어 파우더리하기보다는 조금 더 자연에 가까운 향을 추구했죠.

에스티 로더의 프라이빗 컬렉션은 여러 의미에서 재미있습니다. 원래 이 향은 에스티 로더만을 위해 만들어졌다고 해요. 그래서 다른 사람들이 에스티 로더에게 너무 좋은 향이 난다고, 무슨 향수냐고 물어보면 "제 개인적인 컬렉션에서 가져온 것입니다"라고 답했다고 해요. 그래서 프라이빗 컬렉션이라는 이름이 붙었어요. 물론 이전에도 향수 회사들은 특정인을 위해 만들었다가 향이 너무 아름다워서 대중에게도 소개한다는 유의 광고를 종종 했어요. 샤넬의 No.19도 본래는 여든이 넘은 코코 샤넬만을 위해 만들어진 향수였다고 해요. 지방시의 랑떼르디는 오드리 헵번만을 위한 향수였습니다. 프라이빗 컬렉션은 유명인을 위해 만들어진 향수로 시작하기도 했지만 지금 톰 포드, 샤넬, 디올 등에서 판매하는 한정 콜렉션, 즉

에스티 로더 프라이빗 컬렉션Private Collection

일반 제품보다 고가인 익스클루시브 라인을 론칭하는 형태의 초석이 되었다는 점에서 주목할 만합니다.

에스티 로더가 1970년대에 낸 첫 번째 그린 향수는 알리아쥬였어요. 당시 여성들이 운동을 마친 후 상쾌한 기분을 냈으면 하는 기획 의도를 가진, 에스티 로더의 첫 스포츠 향수였습니다. 알리아쥬는 플로럴함은 전혀 찾아볼 수 없고, 씁쌀한 그린 향이 위주가 되며 시더우드를 써서 중성적인 느낌을 내는 향이에요. 이런 알리아쥬와 달리 프라이빗 컬렉션은 알데하이드, 플로럴 향을 많이 섞어 조금 더 깔끔하고 우아한 느낌을 줍니다. 프레데릭 말의 신테틱 네이처 (2022)의 영감이 되기도 한 향수입니다. 신테틱 네이처가 처음부터 끝까지 마치 네온 그린색으로 만든 향수처럼 날카로운 그린함을 선보이면서 생생한 잎사귀와 잔디를 표현하여 현대적인 느낌을 주는 반면, 1970년대에 나온 프라이빗 컬렉션은 훨씬 더 플로럴하고, 파우더리한 면도 좀 있는 클래식한 향수입니다.

이런 식으로 플로럴 향, 알데하이드 등을 넣어서 당시의 여성스러움을 깨끗하게 표현한 향수로는 발망의 이보아르(1979)가 있습니다. 이보아르는 지금은 많이 재조합되어 향이 달라졌지만 당시 나온 빈티지를 맡아보면 정말로 깨끗하고, 호텔 비누 같은 느낌을 주면서 찬란한 산들바람 같은 향이 나요. 자스민이 많이 들어가는데, 인돌

발망 이보아르Ivoire

릭하고 강렬하기보다는 옅고 은은하게 표현되어 꽃밭에서 불어온 바람 같은 향기로움을 가지고 있습니다. 친구가 결혼식을 올릴 때 추천한 향수이기도 해요. 이보아르는 2012년에 처음 재조합되었는데요. 그전까지 오랜 기간 굉장히 성공적으로 판매되었기에 비교적 빈티지 버전을 구하기 쉽습니다.

레브론의 찰리(1973)도 살펴볼게요. 이 시리즈로 찰리 블루, 찰리 레드 등 여러 가지 플랭커flanker*가 많은데요. 오리지널 찰리는 그린 향과 함께 알데하이드와 플로럴, 복숭아 향이 섞여 있고 파우더리하게 끝납니다. 지금까지 소개한 향수들은 당시 비교적 고가였는데 찰리는 굉장히 저렴했기 때문에 10대, 20대 초반 여성들이 부담없이 쓰기에 좋았던 대중적인 향수입니다.

• 한 향수가 유명해진 후 시리즈처럼 나오는 제품들을 말한다. 예를 들어 겔랑 샬리마의 플랭커로 샬리마 퍼퓸 이니셜, 샬리마 밀레지움, 샬리마 수플레 등의 향수가 있다.

✛　보디빌딩의 유행과 아로마틱 푸제르, 앰버리 향수의 초석

1970년대의 남성 타깃 향수는 어땠을까요? 당시 남성들 사이에서는 일반적인 운동뿐만 아니라 헬스, 보디빌딩 등이 유행했습니다. 근육을 키워 마초적인 남성성을 표현하는 것이 통용되기 시작했죠. 이때 활동한 대표적인 배우가 아놀드 슈워제네거입니다. 보디빌더였던 슈워제네거는 할리우드 배우로 대성했어요. 당시에 이상적으로 생각했던 남성성의 이미지를 잘 보여주는 인물입니다.

파코 라반의 파코 라반 뿌르 옴므(1973)는 1980년대에 본격적으로 등장할 아로마틱하고 마초적인 향수의 전신입니다. 파코 라반 뿌르 옴므 – 폴로 – 1980년대 푸제르로 이어지는 향 표현법의 계보를 확인할 수 있어요.

파코 라반 뿌르 옴므의 광고 사진에는 나체의 근육질 남성이, 광고 카피에는 하룻밤을 보낸 두 사람의 대화 내용이 등장합니다. 매우 남성적이고 정력적인 이미지로 소비되었어요. 파코 라반 뿌르 옴므는 라벤더-오크모스-쿠마린이라는 푸제르 구조를 따르는 향수인데요, 처음에 굉장히 많은 허브가 느껴집니다. 서양에서 키친 허브kitchen herbs라고 부르는 로즈마리, 세이지, 타라곤, 마조람, 바질,

타임, 오레가노, 월계수 잎 등의 허브 향이에요. 허브 향에서 우리가 보통 아저씨 스킨 냄새라고 하는 향을 떠올릴 수 있는데요. 파코 라반 뿌르 옴므도 비슷하게 아저씨 스킨 냄새 같다고 느끼는 분들이 있을 수 있어요. 이렇게 허브의 아로마틱한 향이 지속되다 제라늄과 스파이스 약간이 첨가되고, 따스한 쿠마린과 오크모스에 타바코의 건조한 향이 섞입니다.

파코 라반 뿌르 옴므의 성공 덕에 1970~1980년대, 그리고 지금까지도 나오는 아로마틱한 푸제르 계열 향수들이 푸제르를 표현하는 주된 방식 중 하나로 남아있을 수 있었습니다. 사실 우리가 쓰는 아저씨 스킨 냄새, 엄마 향수 냄새 같은 표현은 현 세대 기준이에요. 다음 세대는 지금 유행하는 향을 그렇게 부르게 될 수도 있겠죠. 마치 2000년대에 유행했던 스키니진의 트렌드가 지나가고 통이 넓은 바지가 유행하면서 지금 젊은 세대가 스키니진을 '엄마 바지'라고 부르는 것처럼요. 그래서 이런 향수의 유행이 언제 다시 돌아올지도 궁금해집니다.

1970년대에는 1980년대 앰버리 향수 붐을 예고하는 향수도 등장했어요. 할스톤의 할스톤 Z-14이 대표적입니다. 레몬과 상록수 같은 청량한 향에 스파이시한 시나몬 등의 향신료 향이 섞인 향수인데요. 여기에 다소 매캐한 향과 우디함, 레더향이 들어갔습니다. 빈티지 버전은 특히 우디함과 오크모스, 아로마틱한 허브와 함께 사용된 앰버 향이 모든 요소를 부드럽게 바꿔줍니다. 어떤 요소들이 이후의 앰버리하고 스파이시한 남성 향수들에 영향을 줬는지 알 수 있어요.

✛   코롱 향수의 재해석

1970년대에는 이전 시대의 전통을 새롭게 재해석한 향수들도 있었습니다. 코롱 계열의 향수들이 대표적이에요. 여기서 코롱이라는 단어는 특정 부향률(향수에서 향료의 원액이 차지하는 비율)의 향수를 의미하는 오 드 코롱의 뜻이 아니라 최초의 오 드 코롱이라는 의미로 썼습니다. 1709년에 처음 판매되기 시작한 쾰른의 물 Eau De Cologne 은 나쁜 공기를 쫓아내기 위해 만들어진 시트러스 향의 가벼운 향수였어요. 이후 시트러스와 허브 향이 들어간 가벼운 코롱 향수의 계보가 이어져 왔습니다. 코롱 계열 향수들은 대부분 부향률이 낮고, 상쾌한 향을 갖고 있어요.

1971년 출시된 입생로랑 뿌르 옴므가 코롱 계열을 재해석한 향수였습니다. 입생로랑에서 처음 출시한 남성 향수인 입생로랑 뿌르 옴므는 광고가 매우 파격적이었습니다. 디자이너 입생로랑의 누드 사진을 광고에 사용했어요. 1970년대에 유행하던 근육질 몸이 아닌, 마른 몸에 또렷하고 날렵한 인상이 오히려 눈에 띕니다. 입생로랑은 이 광고를 통해 상업 광고에 왜 여성의 나체만 등장하는지, 남성의 마초적이며 근육질인 몸 외에 자연스러운 몸은 왜 나오지 않는지 질문을 던지고, 틀을 깨고 싶어했다고 합니다.

입생로랑 뿌르 옴므의 향은 레몬으로 시작합니다. 아주 아름다운 레몬과 레몬 버베나 같은 시트러스와 허브의 첫 향이 로즈마리, 세이지 등 남성 향수에서 많이 쓰이는 아로마틱한 허브와 약간의 꽃 향으로 이어지고, 마지막에는 우디함과 흙 같은 향, 그리고 따스한 통카빈으로 끝나요. 푸제르 구조를 취하고 있으나 레몬 등 전통적인 코롱의 느낌이 섞여 있어 프레시한 느낌도 나는 아름다운 향입니다.

입생로랑의 오 리브르(1975)도 코롱 향수의 계보를 이어간 향입니다. 이 향수에서 중요하게 살펴볼 점은 두 가지입니다. 첫 번째는 여성과 남성이 함께 쓸 수 있는 향수임을 강조했다는 겁니다. 광고에도 비슷한 옷을 입은 남녀 모델이 등장하고, '나의 모든 것은 당신의 것 Tout ce qui est à moi est à toi'이라는 카피가 쓰여 있어요. 두 번째는 당시로서는 파격적으로 흑인 모델들을 전면에 내세웠다는 점입니다. 입생로랑이 처음으로 런웨이에 흑인 모델을 세운 디자이너라는 점을 생각해 보면, 백인들만의 전유물이라고 생각되었던 문화인 패션에 이어 향수에서도 이런 도전을 한 것이 이해되실 겁니다. 지금은 우리에게 흑인 모델이 익숙하지만, 당시로서는 시대를 앞서간 행보였어요. 파코 라반은 입생로랑에 뒤이어 1964년에 흑인 모델을 런웨이에 세웠는데, 당시 미국 『보그』, 『하퍼스 바자』에서 일하는 백인 여성 직원들이 "당신은 저런 사람을 세울 권리가 없다. 패션은 우리 백인들을 위한 것이다"라며 항의하고 그에게 침을 뱉기도 했습니다. 1970년대에 향수 광고에 흑인 모델을 세우는 것이 얼마나 선진적이었는지 알 수 있죠. 이런 두 가지 의미에서 이 향수의 이름인 자유eau libre를 읽어낼 수 있습니다.

오 리브르는 현재 팔리고 있는 입생로랑 리브르와는 다른 향이에요. 시트러스와 우디함이 주가 되고, 살짝 아로마틱한 허브함이 있는 매우 건조한 향수입니다. 이런 코롱 향수들에도 긴 전통이 있습니다. 톰 포드의 네롤리 포르토피노(2011), 메종 프란시스 커정의 아쿠아 유니버설(2009), 구딸 파리의 오 드 아드리앙(1980) 등 대부분의 브랜드에서 적어도 하나는 찾을 수 있는 시트러스 위주의 깔끔하고 상쾌한 향이 코롱의 전통을 따르는 향이에요. 기분을 전환하고 싶을 때, 깨끗한 느낌을 원할 때 시트러스와 허브, 약간의 플로럴이 들어간 향을 사용하는 건 서양 향수에서 1709년 쾰른의 물 이후부터 이어져온 흐름입니다. 브랜드마다 시트러스 향이 메인인 향수가 하나씩은 있는 이유이기도 해요.

---

*   Doria Adouke, Yves Saint Laurent and Paco Rabanne, the first fashion designers to use black models, 2022. 4. 21.

"

**오피움은 내면의 강렬한 감정과
욕망을 표현하려는 시도였다.**

패션 디자이너 입생로랑

9

1980년대

화려하고 향락적인 패션

✛ 빅 화이트 플로럴: 영원히 끝나지 않는
파티 같은 화려함

1980년대 향수는 1970년대 향수가 추구한 미학에서 벗어나려는 방향으로 움직였습니다. 1970년대에는 자연스러운 것과 자연을 연상시키는 이미지, 직업을 가진 독립적인 여성상을 추구했는데요. 1980년대엔 이와 대비되는 향락적이고 관능적인 여성상을 그린 겁니다. 향수 역시 당시 사회적 분위기와 문화 등에 영향을 받을 수밖에 없었어요.

강렬하고 볼드한 색깔과 주얼리, 여성들이 직장에서 더욱 공격적으로 자리를 차지하며 유행한 소위 파워 수트라고 하는 어깨가 강조된 여성 정장, 몸에 딱 붙어서 실루엣을 드러내는 스판덱스, 영국에서 유행하던 프릴과 낭만주의 시대에 영감을 받은 뉴 로맨틱 패션 등 화려하고 강렬한 패션과 짙은 화장이 유행하던 1980년대에는 향수도 향락적이고, 사치스럽고, 강렬할 수밖에 없었습니다. 또한 이때 힙합 문화가 여러 갈래로 분화되고 주류로 자리 잡기 시작하면서 아프리카계 미국인의 문화와 패션 역시 영향력을 갖게 됐어요. 원색과 커다란 주얼리가 인기를 끌게 된 이유입니다.

1980년대 향수에서 이러한 볼드하고 화려한 느낌을 살리는 방식은 크게 두 가지가 있었습니다. 첫번째로는 영어로 빅 화이트 플로럴big white floral이라고도 불리는, 강렬한 화이트 플로럴 계열의 향수가 있습니다. 디올의 쁘아종(1985)이 대표적인 예입니다.

디올의 쁘아종은 80년대를 대표하는 향수 중 하나입니다. 기본적으로 튜베로즈 향인데, 튜베로즈는 여러 화이트 플로럴 – 자스민, 가드니아, 백합 등 살짝 인돌릭한 향을 가진 꽃들 중에서도 진하고 화려한 향을 가지고 있다고 평가받습니다. 살짝 스파이시한 향과 함께 네온 보라색으로 만든 쨍한 자두의 즙 같은 웰치스 포도 맛을 연상시키는 향, 그리고 튜베로즈 특유의 달콤한 향이 만나서 굉장히 강한 향을 풍기는 바람에 이 향수가 출시된 후 몇몇 레스토랑에서는 이 향수를 뿌리고 들어오는 것을 금지했다고 해요. 우아하고 여성적인 패션으로 유명한 디올에서 독이라는 이름의 향수를 냈다고 당시 커다란 논란이 되었고 사과 모양의 향수병이 백설공주의 독 사과, 혹은 아담과 이브의 선악과를 연상시킨다고 해서 여러 모로 이슈가 되었습니다.

쁘아종이 1980년대 빅 화이트 플로럴의 시초였던 것은 아닙니다. 쁘아종 이전에 나온 향수들도 있었어요. 지방시의 이사티스(1984)는 알데하이드로 시작한 다음 화이트 플로럴들이 피어나오는 부드럽고 따스한 느낌을 주는 향수였어요. 지금까지 나오고 있지만,

디올 쁘아종Poison

향이 재조합되어 많이 순해졌습니다. 조르지오 베벌리 힐스의 조르지오(1981)도 살구나 복숭아 같은 향이 가미된 강렬한 화이트 플로럴 향수입니다. 이 향수도 쁘아종처럼 몇몇 레스토랑에서 금지당한 적이 있어요.

그럼에도 쁘아종이 1980년대를 대표하는 아이콘이 된 이유는 향을 맡았을 때 다른 향수들과 전혀 다른 느낌을 주기 때문 아닐까 싶어요. 웰치스 포도 같은 향이 향수 전반에 엄격하고 진지하기보다는 장난기 있고 즐거운 느낌을 부여합니다. 이것이 쁘아종의 매력이 아닐까 싶습니다. 그래서 이전에 나온 빅 화이트 플로럴은 물론이고 쁘아종 이후에 나온 빅 화이트 플로럴, 지방시 아마리주(1991), 캐롤리나 헤레라의 캐롤리나 헤레라(1988), 까사렐의 루루(1987)와도 다른 기발하고 짓궂은 느낌이 있어요.

화이트 플로럴을 강렬하게 표현한 향수가 쁘아종 이전에 없었던 것은 아닙니다. 빅 화이트 플로럴이라는 장르는 늘 존재해 왔습니다. 로베르트 피게의 프라카스(1948)가 대표적인 예죠. 프라카스는 튜베로즈 향을 표현하는 방식의 기준을 세운 향수입니다. 이후에 많은 빅 화이트 플로럴 향수, 그 중에서도 특히 튜베로즈 향수들이 비슷한 방식의 표현을 해왔어요. 쁘아종은 프라카스가 시작한 튜베로즈 향에 웰치스 포도 같은 향을 더해서 1980년대의 화려하고, 즐겁고, 영원히 끝나지 않는 파티를 즐기는 듯한 분위기를 만들어냈다는 점에서 기발한 향수였습니다.

✛ 앰버리: 동양 문화의 영향력

향수로 화려함을 표현하는 또 다른 방식은 앰버리, 당시에는 오리엔탈이라고 부르던 계열의 향수였습니다. 1980년대에는 홍콩 영화 산업이 부흥하면서 성룡 등의 배우가 할리우드에 진출했고, 「블레이드 러너」, 「베스트 키드」 등 미국 영화에서도 중국 혹은 동양 문화에 영향을 받은 작품들이 나왔어요. 1970년대부터 베트남전으로 많은 동남아인들이 난민으로 미국에 건너갔고, 1970~1990년대까지 한국인 이민자도 많았습니다. 문화 대혁명으로 미국행을 택한 중국인들도 많았죠. 동양 문화에 대한 관심이 늘어난 시대였습니다.

물론 이러한 관심과 실제 동양인에 대한 존중과 평등은 다른 이야기입니다. 우리가 지금의 시선으로 당시의 이미지를 보면 불쾌할 수 있어요. 오리엔탈이라는 단어도 향락적이고 사치스러운 중동, 동양의 이미지를 상정하며 사용된 것이라 최근 서양 향수 업계에서는 퇴출되고 있어요. 그러나 동양 문화가 당시 문화적 영향력을 가지기 시작한 것은 사실이고, 여기에서 소개할 두 향수는 이런 퇴폐적이고 사치스러운 이미지를 사용해서 강렬하고 향락적인 1980년대의 정수를 담아냈습니다.

첫 번째 향수는 입생로랑의 오피움(1978)˙입니다. 1970년대 끝자

락에 나왔지만 1980년대에 지대한 영향을 끼쳤고 1980년대를 상징하는 향수이기도 해서 80년대 향수로 분류했습니다. 프랑스에서는 1977년에 판매를 시작했는데, 1978년 9월 뉴욕에서 이 향수를 출시하며 연 파티가 전설처럼 남았습니다. 앤디 워홀이 일기에 이 파티에 가지 못한 것이 인생의 가장 큰 회한 중 하나였다고 쓸 정도였어요.

오피움의 광고는 지금 보면 맥락이 다른 여러 동양 문화를 마구잡이로 뒤섞어 놓은 것처럼 느껴지기도 합니다. 중국풍의 상의와 하렘 팬츠라고 불리는 중동풍 바지를 입은 여성이 부처상 앞에 누워 있습니다. 동양적인 무언가를 표현하려 한 의도가 느껴지죠. 향수병에도 금빛으로 대나무가 그려져 있어요. 향수병 모양은 일본의 휴대용 약 상자인 인로印籠에서 영감을 받았다고 해요.

오피움의 향은 한 단어로 정의하기 매우 어렵습니다. 정말 잘 만든 향수는 세세하게 향조를 분석하기 어려울 정도로 촘촘하게 짜여 있어서 노트를 하나하나 분리하여 분석하는 것이 어렵거든요. 그럼에도 어떻게든 노력해 본다면, 스파이시한 향신료의 향, 달콤한 과일과 화이트 플로럴 향, 카네이션의 클로브와 장미의 가운데 어딘가

•   출시 연도는 미국 시장 기준.

입생로랑 오피움 Opium

의 느낌, 인도산 샌달우드의 풍부한 향, 따스한 앰버와 레진, 바닐라의 향이 섞여 매우 향락적이고 이국적입니다. 오피움에는 특히 카네이션과 클로브 향을 내는 유제놀이 많이 들어가는데 현재는 이 향료가 규제되고 있어 향이 재조합되었기 때문에 슬프게도 이전과 같은 향이 나지 않지만, 빈티지 오피움을 맡으면 정말로 아름답고 화려한 향이라는 생각이 듭니다.

입생로랑의 오피움 론칭 파티는 이전에 베이징을 가리키던 단어인 페킹이라는 이름의 선상에서 열렸습니다. 450kg이나 나가는 석가모니 동상, 난의 일종인 흰 카틀레야 수천 송이, 붉은 종이로 만든 동양풍 등불로 장식한 배에 불꽃놀이와 중국인 곡예사들, 무희들, 하렘 팬츠에 중국풍 상의를 입고 삿갓을 쓴 모델 등을 동원했어요. 그야말로 향락과 사치가 가득한 파티였습니다. 이런 파티를 벌일 수 있었던 이유는 그만큼 선풍적인 인기를 끌었기 때문이에요. 1977년 가을에 프랑스에서 론칭한 오피움은 크리스마스가 되기 전에 이미 샤넬 No.5의 1년 수익보다 더 많이 벌어들였습니다. 광고 포스터를 사람들이 기념품으로 찢어갈 만큼 인기가 대단했어요.

오피움이라는 단어 자체가 아편이라는 뜻이어서, 중국 문화를 아편 사용과 연관 짓는다는 중국계 미국인들의 거센 반발도 있었습니다. 다른 쪽에서는 입생로랑이 마약 사용을 장려하고 있는 것이 아니냐는 지적도 존재했어요. 그래서 오피움을 맡을 때마다 여러 가지 생각을 하게 됩니다. 아주 아름다운 향수지만, 동시대에 미국에서는 동양인에 대한 혐오 범죄도 일어나고 있었기 때문이에요. 대표적으로 1982년 디트로이트에서는 중국계 미국인인 빈센트 친이라는 청년이 백인 남성 두 사람에 의해 살해당한 사건이 있었습니다. 일본 자동차 산업의 미국 진출로 일자리를 잃었다는 불만이 이유였어요. 이런 점을 생각하면 어떤 문화를 차용한 상품과 그 문화를 실제로 향유하고 만들어낸 사람들에 대한 처우는 정말 다르구나 하는 씁쓸한 생각이 듭니다.

다시 향수로 돌아가 보면 오피움 이후 스파이시한 앰버리 향수가 인기를 끌면서 그에 영향을 받은 향수들이 여럿 나왔어요. 대표적으로 샤넬의 코코(1984)가 있습니다. 샤넬 향수는 No.19 같은 다소 특이한 향수들도 있긴 하지만 전반적으로 대부분 알데하이드로 표현되는 신선한 탑 노트와 아이리스의 파우더리한 향이 섞이며 매우 우아하고 단정해요. 정열적이고 향락적인 분위기와는 조금 거리가 있었죠. 그러나 코코는 향신료와 함께 달달한 장미 향과 복숭아 향을 사용해 향신료의 스파이시함을 어느 정도 조절해 주고, 달콤한 앰버 향과 바닐라 향을 쓰는 와중에도 과하게 달지 않도록 균형을 잡습니다. 그래서 샤넬스러운 우아한 분위기를 내면서도 스파이시한 앰버

샤넬 코코Coco

리 계열 특유의 사치스러움을 포함하고 있어요.

에스티 로더의 시나바(1978)는 시나몬 향이 많이 나고, 스파이시한 향신료가 많이 쓰인 가운데 화이트 플로럴의 향이 피어오르다 우디함과 앰버 향으로 끝납니다. 시나바cinnabar는 광물의 이름으로, 한국에서는 그릇에 붉은 칠을 할 때 사용하는 주사(진사, 단사)라고 불려요. 이름에서부터 중국의 이미지를 차용한 것을 보면 오피움으로부터 많은 영향을 받았음을 알 수 있습니다.

캘빈 클라인의 옵세션(1985)도 오피움의 영향을 받았습니다. 옵세션은 제가 느끼기에는 오피움과 겔랑의 샬리마 사이에 있는 향 같아요. 오렌지의 시트러스한 향과 그린한 향, 스파이시함, 그리고 앰버와 인센스 향이 나는 향수입니다. 샬리마가 유행시킨, 전통적인 앰버리 향의 공식처럼 되어버린 가볍고 반짝이는 시트러스 탑 노트와 무거운 앰버, 레더, 인센스가 합쳐진 부드럽고 따스한 향의 대비 사이에 오피움이 탄생시킨 스파이시한 향과 결합된 꽃 향이 가득 차 있습니다. 그래서 전통적인 앰버리 향을 1980년대식으로 재해석한 느낌이 들어요. 물론 다른 분들의 피부에서는 다르게 느껴질 수 있지만요.

겔랑의 삼사라(1989) 역시 동양적이고 이국적인 이미지를 차용했습니다. 삼사라는 불교 용어인 윤회를 뜻하는 말이에요. 동양 문화권의 우리가 생각하는 윤회와는 별로 상관없는, 화려하고 관능적인 이미지를 사용하였습니다.

삼사라의 보틀 디자인은 파리의 국립 기메 동양 박물관에 있는 캄보디아 무희의 석상에서 영감을 받았습니다. 뚜껑은 부처님의 감은 눈에서 명상과 평온한 이미지를 따왔다고 합니다. 그러나 향은 파우더리한 향과 함께 자스민의 풍성한 화이트 플로럴, 인도산 샌달우드의 부드럽고 풍부한 향이 섞여 있어요. 지금도 그렇지만, 당시에도 희귀했던 인도산 샌달우드가 20%나 들어가 샌달우드 오일로만 만들어진 향수를 제외하면 가장 높은 샌달우드 함유량을 자랑하기도 했습니다. 달달하고 나른한 향이 풍겨오는 매력적인 향수예요. 최근에는 향료 관련 규제로 인도산 샌달우드를 쓸 수 없게 되었기에 지금 출시되는 삼사라는 비슷한 향을 내는 다른 향료들로 채워져 있습니다.

1980년대에 유행했던 앰버리 향수는 사실 오랜 역사를 가지고 있습니다. 서양의 향수 역사에서 앰버와 바닐라, 향신료와 샌달우드 등은 향락적이고 관능적이라 생각했어요. 그래서 기독교적이고 이성적인 서양 문화와 대비되는, 나쁘게 말하면 퇴폐적이고 좋게 말하면 감각적인 향을 서양인 관점에서 본 동양 문화에 빗대어 오리엔탈 계열이라고 불렀습니다. 지금은 서양에서도 인종차별적이라는 이

겔랑 삼사라Samsara

유로 쓰지 않으려 하는 단어지만요. 에스티 로더의 유스 듀(1953), 스키아파렐리의 쇼킹(1937), 다나의 타부(1932), 겔랑의 샬리마(1925) 등 관능과 사치, 향락과 화려함, 강렬함을 앰버리 향조로 표현한 향수들의 긴 전통에 1980년대 향수들이 위치해 있다는 것을 알 수 있습니다. 이런 향수들이 인종 차별적이니 사용하지 말자는 것이 아니라, 권력을 갖고 있는 주류 문화권에서 다른 문화를 차용할 때 생기는 일에 관해 깊이 사유해 볼 기회가 될 수 있다고 생각합니다. 금기시하는 것을 우리가 아닌 타인의 속성으로 규정하면서도, 그런 신비하고 강렬한 이미지가 필요할 때는 타 문화를 쉽게 차용하는 것에 관해서요.

✛ 남성 타깃 앰버리 향수: 푸제르의 재해석과 아저씨 스킨 냄새

앰버리 향수의 풍조는 남성 타깃 향수에서도 퍼져 나갔습니다. 대표적인 예가 캘빈 클라인의 옵세션 포 맨(1986)입니다. 물론 CK의 옵세션도 남성들이 뿌리곤 했으나 옵세션 포 맨은 푸제르 향수의 공식인 라벤더-오크모스-쿠마린에 1980년대식의 시나몬 향, 스파이스, 부드러운 바닐라와 앰버 향을 강조해서 넣었습니다. 줌의 줌! 옴므(1989)도 시나몬과 바닐라가 주가 되는 아주 달달한 향인데 남성 타깃 향수로 나왔어요. 사실 이런 스파이시한 남성 향수도 오랜 전통을 가지고 있죠. 슐턴의 올드 스파이스(1938)도 스파이스, 카네이션, 바닐라 등 우리가 지금까지 살펴본 향신료와 달달한 꽃 향기, 달콤한 앰버와 바닐라의 공식에 들어맞는 구조를 가지고 있습니다.

하지만 1980년대의 남성 향수들이 택한 주 전략은 바로 푸제르 구조에서 새로움을 꾀하는 방법이었습니다. 1960~1970년대를 거치면서 이전에는 비교적 터부시되었던 남성의 근육질인 맨몸을 드러내는 것에 대해 사회나 미디어에서 좀 더 관대해졌고, 때문에 근육으로 대표되는 마초적인 남성성에 대한 선망이 생겨났습니다. 남성들을 위한 향수도 이에 맞춰 진화했어요. 또, 앰버리 향수는 늘 애니멀릭한 향수와 비슷한 시기에 유행하곤 했습니다. 애니멀릭 계열 역시 서양에서는 관능, 성적인 매력과 결부되었거든요. 그리고 이런 애니멀릭함을 엄청나게 강조한 것이 바로 입생로랑의 쿠로스(1981)입니다.

쿠로스는 20년이 넘게 특히 유럽 지역에서 남성 향수 베스트셀러 목록에 있는 향수입니다. 일반적으로 푸제르 계열이 라벤더로 대표되는 허브함과 쿠마린, 즉 통카빈에서 추출한 바닐라와 아몬드 같은 향 사이의 대비를 통해 전통적인 서양의 남성성을 표현하는데요. 쿠로스는 엄청나게 애니멀릭한 향을 많이 넣습니다. 첫 향의 허브 향, 약간의 향기로운 꽃 향과 꿀 같은 달콤함, 스파이시함과 우디함도 존재하지만 이 향수는 시벳 향을 굉장히 강하게 표현했습니다. 시벳은 본래는 사향고양이가 영역 표시를 할 때 묻히는 분비물에서 추출해 사용했지만 동물 학대 논란으로 지금은 합성해 만드는 애니멀릭한 향이에요. 이런 설명을 읽으면 불결한 향을 떠올리실 수도 있을 것 같은데요. 시벳 자체는 어떻게 쓰는지에 따라 향을 풍부하게 해주는 효과도 있습니다. 특히 꽃 향을 더 밝게 해주는 등 아주 다양한 방식으로 사용돼요. 그러나 쿠로스에서는 시벳을 강렬하게 표현하여 매우 애니멀릭하고, 땀과 뜨거운 살결 같은 '더티한' 향을 냅니다. 이렇게까지 애니멀릭한 향수는 많이 없었기 때문에 마초스

입생로랑 쿠로스Kouros

러운 남성성을 표현하기에 제격이었어요.

　조금 더 전통적인 푸제르에 가까운 향수로는 기라로쉬의 드라카느와(1982)가 있습니다. 그렇다고 해도 전통적인 푸제르와는 차이가 크지만요. 전통적인 푸제르 구조는 거의 숨겨져 있고 로즈마리, 우디, 앰버의 세 가지 요소로 구성되어 있습니다. 우리가 지금 소위 아저씨 스킨 냄새라고 떠올릴 때 거기에 큰 역할을 하는 게 다양한 허브 향이라고 생각하는데요. 그런 느낌을 주는 허브 향과 화한 상록수 잎 같은 향, 우디함, 잔향으로 갈수록 존재감을 뿜어내는 앰버 향 등이 섞여 있습니다. 어렸을 때 아빠가 근처 문화 센터 수영장에서 운동 겸 수영을 하고 오셨었는데, 그때 아빠 수영모에서 이 향수와 비슷한 향을 맡았던 기억이 남아 있습니다. 여러 면에서 아저씨 향이라는 느낌을 받으실 수도 있는 향이에요.

　이런 유의 1980년대 스타일 남성향 향수의 청사진은 랄프 로렌의 폴로(1978)에서 맡아볼 수 있습니다. 폴로는 시간에 따른 변화가 두드러지는 향이에요. 라임과 바질의 상쾌하고 새콤한 향, 베티버의 마른 풀 같은 향으로 시작하고, 레더 향, 타바코의 바스락거리는 낙엽 같은 드라이함이 가미되더니, 패츌리의 우디함과 앰버 향으로 끝납니다. 즉 기본적인 푸제르 구조에 다른 허브들을 넣고, 우디함과 레더함으로 남성적인 뉘앙스를 더욱 강조하는 골조로 갑니다. 역시

겔랑 삼사라Samsara

이 시대에 대히트한 샤넬의 안테우스(1982)도 비슷한데요, 여러 허브의 아로마틱함으로 시작했다가 레더를 넣고, 오크모스로 숲속의 흙 같은 분위기와 함께 우디함을 넣어 연출하고, 잔향에선 앰버 향을 피워냅니다. 현재도 많은 남성향 향수들의 잔향이 앰버, 우디 조합이라는 것을 생각해 보면 지금은 이런 아저씨 스킨 냄새 같은 향수들이 덜 생산되어도, 이 때 히트한 잔향 조합은 계속 남은 게 아닐까 하는 생각이 들어요.

디올의 화렌화이트(1988)는 이 틀에서 좀 벗어난 향수이긴 합니다. 첫 향에 스파이스와 함께 바이올렛 리프, 즉 제비꽃 잎의 향이 나는데, 이 제비꽃 잎은 그린하면서도 오이 같기도 한, 미묘한 향입니다. 이게 상쾌함과 신선함을 줘요. 그런데 어떤 사람들은 이 향이 스파이스, 우드와 합쳐지면서 석유 같은 향이 난다고 하기도 합니다. 아저씨 스킨 냄새 같기도 한 이 향 사이사이로 인도산 샌달우드 향이 나는데, 이 향이 아름다워서 즐겁게 맡았습니다. 시간이 지나면 바이올렛 리프가 조금 더 비누 같이 변하고, 레더가 합쳐지며 우리가 아는 전형적인 남성 향수에 가까워지다가, 잔향에서는 바닐라 같은 따스한 향들이 올라와 향 전체를 포근하게 해줍니다. 마초스러운 당시 남성 타깃 향수의 공식을 약간 부드럽게 하고 바이올렛 리프를 통하여 새로운 시도와 도전을 한 게 보이죠.

디올 화렌화이트Fahrenheit

이런 향들은 어렸을 때 맡았던 향 같은 느낌을 줍니다. 우리가 소위 아저씨 스킨 냄새 혹은 아빠 샴푸 냄새라고 하는 향들이 1980년대의 유명 브랜드 향수에서 카피되고, 또 카피되어서 결국엔 그 골조와 느낌만 남긴 채 퍼졌고, 결국에는 값싼 향 제품까지 내려온 탓이겠죠. 어릴 때 가족의 결혼식에 화동으로 참여했는데, 그 때 제 머리카락을 고정시키기 위해 뿌린 헤어스프레이의 향은 쁘아종과 흡사했습니다. 지금처럼 해외 직구가 활성화되지 않았고, 수입품을 구입하기 어려웠던 시대에도 유행한 향은 다양하게 카피되어 쓰이고, 그 버전의 향이 완전히 다른 지역의 새로운 물건에 쓰였던 것을 생각하면 흥미로워요.

"

**나는 향수를 단순한 냄새가 아니라,
감정과 감각을 자극하는 작품으로 만들고자 했다.**

패션 디자이너 티에리 뮈글러

10

1990년대

**깨끗하고 가벼운 향과
구어망드, 프루티 플로럴**

✛ 깨끗하고 가벼운 위생의 향기

1990년대 향수 트렌드는 직전 시대인 1980년대와 여러 면에서 정반대의 길을 걸었습니다. 한 시대의 유행은 앞선 시대의 트렌드의 연장선상에서 특정 부분이 강조되면서 발전하기도 하고, 정반대 경향을 보이기도 합니다. 1990년대는 후자였던 셈이죠. 1980년대의 에이즈 유행으로 인해 1990년대의 사람들은 위생에 신경 쓰게 되었고, 그 때문에 가볍고 깨끗하고 단선적인 향이 사랑받았습니다.

1990년대를 다룰 때 빼놓을 수 없는 향수가 바로 캘빈 클라인의 CK 원(1994)입니다. 지금도 흔히 구할 수 있는 CK 원이 혁신적이었던 이유는 유니섹스 마케팅을 했기 때문이에요. 이전에 향수 역사에서 남성과 여성 모두 쓸 수 있다고 광고한 향수가 없었던 것은 아닙니다. 그러나 유니섹스라는 단어를 전면에 내세우며 중성적인 느낌을 강조한 향수는 CK 원이 처음이었어요.

향수 광고에는 남성, 여성의 이상적인 몸매로 떠올리기 쉬운 커다란 근육질의 몸, 곡선적인 실루엣보다는 직선적이고 마른 몸의 모델들이 등장합니다. 여성 모델들이 짧은 머리를 선보이는 등 당시 중성적이라고 생각했던 외모예요. 광고 사진도 흑백이어서 화려함보다는 단선적이고 미니멀리스틱한 느낌을 줘요. CK 원은 향 자체

캘빈 클라인 CK 원One

도 매우 무난합니다. 그린과 시트러스 향으로 시작하고, 살짝 달콤하지만 그저 가볍게 향긋하기만 한 꽃과 과일 향, 무겁지 않은 가벼운 우디함과 머스크로 끝나는데, 전체적으로 비누를 떠오르게 합니다. 그래서 위생적이고 상쾌한 느낌을 주죠. 1980년대 향수보다는 확실히 단순한 구조를 가지고 있습니다.

1990년대에 크게 히트한 또 다른 향수는 다비도프의 쿨 워터 (1988)입니다. 솔직히 너무 많이 카피되어서 향은 어디에서 많이 맡아본, 흔한 향 같다는 생각이 들 겁니다. 그런데 이렇게까지 비슷한 향수가 많이 나온 것은 이 향이 그만큼 인기를 끌었기 때문이겠죠. 다비도프의 쿨 워터는 현대의 소위 블루 계열 향수를 정의한 향입니다. 전통적으로 남성 향수는 푸제르라는 향의 구조를 따랐습니다. 라벤더-오크모스-쿠마린의 순서로 전개되는 구조입니다. 특정한 향수의 표현 방식이 큰 인기를 얻고 다양하게 응용되면, 이렇게 하나의 계열로 통용되기도 해요. 블루 향수, 스포츠 향수라고도 불리는 새로운 종류의 남성 향수는 푸제르의 구조에서 벗어나 시트러스와 마린 혹은 아쿠아틱 노트에 많이 쓰이는 칼론으로 물과 바다를 떠올리게 합니다. 쿨 워터가 이런 향 표현 방식을 정립했어요. 쿨 워터에도 남성 향수에 많이 쓰이던 시트러스, 라벤더 향이 들어가긴 하지만 쿠마린이나 레더처럼 무거운 향 대신 프레시하고 상쾌한 아

다비도브 쿨 워터Cool Water

쿠아틱한 향이 주를 이루고, 끝에 가서야 살짝 우디한 향과 화이트 머스크가 어우러집니다.

시트러스와 아쿠아틱의 조합은 쿨 워터 이후 폭발적으로 인기를 끌어 지금까지도 남성 타깃 향수에 자주 쓰입니다. 1990년대에 이런 조합의 향수가 많이 등장했는데, 조르지오 아르마니의 아쿠아 디 지오(1996)도 하나의 예입니다. 시트러스와 아쿠아틱에 중점을 둔 다음, 약간의 스파이스와 플로럴 향으로 차별화했어요. 이 향도 어디에서 많이 맡아본 느낌이 드실 겁니다.

아쿠아틱, 마린 노트는 주로 남성향 향수에서 많이 쓰이긴 했으나 물이나 깨끗함, 상쾌함 자체는 사실 성별에 따라 선호도가 크게 달라지는 요소가 아닙니다. 그렇기 때문에 여성을 타깃으로 아쿠아틱한 노트와 이미지를 담아낸 향수도 있었습니다. 이세이 미야케의 로디세이(1992)가 대표적이죠.

로디세이는 조향사가 처음 만들 때부터 물의 향을 만들어 달라는 주문서를 받았다고 합니다. 공식 사이트에서도 '여성의 피부에 닿은 물의 향'이라고 광고하고 있어요. 부드럽고 가벼운 플로럴 향과 함께 멜론 같은 워터리한 과일 향이 나는데 이것이 물 같은 효과를 불러일으킵니다. 오이, 멜론 같은 과일은 흔히 칼론을 사용해 연출하거나, 로투스 혹은 연꽃 노트를 사용해 워터리하고 촉촉한 느낌을 표현해요. 로디세이에는 둘 모두 들어갑니다. 그래서 시종일관 은은하고 물 같은, 맑은 향이 납니다. 2005년에 나온 에르메스의 운 자르뎅 수르 닐도 비슷한 방식으로 워터리한 향과 과일 향을 함께 섞었는데요. 로디세이가 더 우디하게 끝납니다.

이후의 여성 타깃 향수들에서는 워터리함의 표현법을 둘러싼 고민이 로디세이와 비슷한 방식으로 표출되었어요. 2010~2020년대에 들어서는 이런 표현 방식이 조금 더 대담해집니다. 2011년에 나온 아무아쥬의 아너 우먼은 강렬한 튜베로즈 향과 강한 칼론 향을 섞었어요. 2016년에 나온 디에스 앤 더가의 로즈 아틀란틱은 장미 향과 바다를 연상시키는 아쿠아틱 노트를 함께 사용했습니다. 이렇게 강렬한 표현 방식의 향수도 생겨났지만, 현재에도 출시되고 있는 부드럽고 가벼운, 워터리하면서도 플로럴 향을 섞어 향긋하고 은은한 느낌을 주는 향은 로디세이에서 출발했습니다.

✚ 티에리 뮈글러 엔젤: 구어망드 계열의 시작점

구어망드 향수는 흔히 음식에서 유래한 향이라고 합니다. 과일, 향신료, 허브 등도 사실 음식에 속하지만, 이런 향을 구어망드라고 하지는 않아요. 최근에는 술을 모방한 향도 새로운 구어망드 계열로 발전하고 있지만, 일반적으로 구어망드 계열은 솜사탕 같은 디저트의 향이 중심이 되었습니다. 이런 흐름을 만들어낸 것이 티에리 뮈글러의 엔젤(1992)입니다.

티에리 뮈글러의 엔젤은 모든 면모가 파격적이었습니다. 별 모양의 오브제 같은 향수 병, 여성 향수로서는 물론 향수 자체로도 신기했던 푸른빛 수색, 그리고 무엇보다 당시까지 맡아보지 못했던 독특한 향을 갖고 있었죠. 엔젤에서는 지금은 대부분의 사람들이 익숙할 에틸 말톨, 즉 솜사탕이나 설탕 같은 향이 납니다. 아주 강렬한 설탕 향과 과일 향, 꽃 향이 결합된 달콤한 향인데요. 이 향수가 대단한 이유는 그저 달기만 하지 않고 우디한 패츌리를 통해 쌉쌀함과 무게감을 더해서 균형을 잡기 때문입니다. 패츌리 향의 쌉싸름함과 에틸 말톨의 달콤함이 섞여 초콜릿 같은 향마저 나서, 사람들에게 더욱 매력적으로 다가왔어요. 엔젤은 독창적인 향의 조합과 균형을 꾀했습니다. 엔젤의 대성공 이후에 나온 수많은 에틸 말톨이 들어간 향

티에리 뮈글러 엔젤Angel, 시간이 지나면서 수색이 달라졌다.

수들이 그냥 달기만 해서 설탕을 뿌리는 것과 뭐가 다른가 하는 생각이 들게 하는 것과는 다르게 말이죠. 현재의 엔젤은 재조합되어 예전보다는 임팩트가 덜하지만, 굉장히 많이 팔렸고 유명한 향수라 빈티지 버전도 쉽게 구할 수 있습니다. 오래된 빈티지 엔젤은 푸른빛 수색이 바래 노란색인 경우도 있어요.

엔젤의 성공 이후 출시된 에틸 말톨이 들어간 향수들은 너무 많아 하나하나 나열하기가 어려울 정도입니다. 여성 타깃의 향수에서 달콤한 향, 솜사탕이나 설탕 향 같은 것을 떠올리게 된다면 이게 바로 엔젤이 끼친 영향력입니다.

✛ 랑콤 트레조: 산뜻하고 상쾌한 프루티 플로럴의 탄생

과일 향과 꽃 향이 함께 쓰인 역사는 매우 깁니다. 겔랑의 미츠코(1919)에는 복숭아 향과 자스민 향이 들어가 있고, 로샤스의 팜므(1944)에도 자두 향과 자스민 같은 꽃 향이 함께 섞여 있습니다. 디올의 쁘아종(1985)에서는 자두 향과 튜베로즈 향이 결합해 풍선껌이나 웰치스 포도맛 같은 향을 만들어내지요. 그러나 지금 우리가 생각하는 방식의 프루티 플로럴, 즉 밝고 상쾌하고 달달하고 발랄한 느낌의 프루티 플로럴은 랑콤의 트레조(1990)에서 시작했습니다.

랑콤의 트레조는 복숭아와 장미 향을 결합했습니다. 복숭아와 장미의 조합 자체는 겔랑의 나에마(1979)나 장 샤를르 브로소의 옴브레 로즈(1981)에서도 시도되었어요. 나에마는 장미에 조금 더 포커스를 둬서 복숭아 향이 장미 향을 받쳐주는 역할을 하고 있습니다. 옴브레 로즈는 우디 향이 많이 나고 훨씬 더 파우더리한 느낌입니다. 그러나 트레조는 장미뿐만 아니라 라일락 등 다른 꽃 향을 섞고 화이트 머스크를 사용해 조금 더 은은하고 산뜻하며 상쾌한 느낌을 줍니다. 그래서 세 향수를 서로 비교해 보면 트레조가 확실히 더 현대적이에요.

랑콤 트레조Tresor

트레조 이후에 이런 식으로 과일 향과 꽃 향을 섞어 달달한 느낌을 내는 프루티 플로럴 향수가 많이 나왔습니다. 입생로랑의 이브레스(1993)는 트레조를 만든 소피아 그로스먼Sophia Grojsman이 조향했는데, 파우더리한 복숭아와 바닐라 향이 납니다. 하지만 가장 유명한 것은 디올의 자도르(1999)입니다. 달콤한 서양배 향, 복숭아 향 등과 자스민 향을 섞어 은은한 느낌을 주는 향이에요. 그렇기 때문에 한국에서도 굉장히 잘 팔리고 현재 디올 브랜드 내에서도 다시 주목을 받고 있습니다.

구어망드 향수 붐의 영향까지 받아 1990년대 이후부터 현재까지 프루티 플로럴 계열의 향수는 점점 더 달아졌습니다. 프루티 플로럴 역시 구어망드처럼 당시 사회에서 통용되던 여성성을 표현하기 좋고, 저가의 합성 향료로도 구현하기 쉬운 향이라 쥬시 꾸뛰르, 빅토리아 시크릿 등 저가 향수 라인에서 흔하게 사용되었어요. 프루티 플로럴 향을 맡으면 어디에서 많이 맡아본 것 같다고 생각하게 되는 이유입니다. 향 자체에 아무런 문제가 없더라도, 일반적으로 저가에 판매되는 향수에서 이런 향이 많이 나기 때문에 싸구려 향이라고 생각하게 되기도 했죠. 1990년대에는 샴푸, 린스 등의 향 제품이 향수의 향을 모방하는 경향이 있었습니다. 향수를 사용하지 않았더라도 비누, 샴푸, 린스 등에서 프루티 플로럴 향을 맡아보았을 거예요.

+ 뉴미디어 이전, 메가 트렌드의 시대

한국에서는 향수가 대중적인 인기를 얻기 전이었지만, 디자이너 브랜드를 중심으로 향수에 대한 인지도가 조금씩 생겨나고 있었습니다. 1988년에 출간된 향수 전문가 송인갑의 책『향수 영혼의 예술』을 보면, 겔랑, 랑콤, 까롱 등 향수가 주력인 브랜드에서 나온 향수, 샤넬, 지방시, 불가리 등 디자이너 브랜드의 향수, 알랭 들롱, 루치아노 파바로티 등 셀러브리티 향수를 어느 정도 구분하고 있었습니다.

향수를 향 계열별로 분류하고, 추천하기도 했어요. 1999년 7월 29일『경향신문』기사에서는 여름에 사용할 향으로 "상큼한 꽃 내음, 상쾌한 과일 향, 풋풋한 그린 향"을 추천합니다. 플로럴 향수로는 에스티 로더의 플레져, 랑케스터의 달리심므, 카사렐의 아나이스, 디올의 디오리시모, 프루티 계열은 겔랑의 삼사라, 엘리자베스 아덴의 선플라워, 그린 계열은 샤넬의 크리스탈, 기 라로쉬의 피지, 프리스크립티브의 칼릭스 등을 소개했어요. 삼사라 같은 향수는 지금은 우디, 앰버리 계열로 분류하는데 프루티 계열로 분류한 것이 흥미로웠고, 처음 들어보는 향수인 달리심므도 언급되고 있어 재미있었습니다. 지금 우리가 매우 잘 알고 있는 브랜드나 향수도 시간이 지나면 잊힐 수 있음을 다시 한 번 상기하며 겸손해지기도 했고요.

1990년대 후반부터는 국내에서 본격적으로 향수에 대한 관심이 늘어났던 것으로 볼 수 있어요. 1997년에는 이화여대 앞에 맞춤 향수를 제작해주는 파팡드오라는 매장이 있었고, 2009년까지도 이 매장에 대한 언급이 있었습니다. 구찌의 엔비 등 유명한 브랜드의 향수가 출시되거나 국내에 들어올 때는 신문에 소개되었어요. 향수 뿌리는 법, 향수 사용법에 대한 기사도 다수 실렸습니다. 1997년에는 동아TV가 서울국제향수페어를 주최하기도 했어요. 향수에 대한 관심이 꾸준히 증가했음을 알 수 있는 대목입니다. 그러나 이때는 수입 향수가 많이 선호되었고 국내 향수에 대한 관심은 상대적으로 적었습니다.

라디오와 TV가 출범한 이후부터 유튜브나 틱톡 등 새로운 미디어가 생겨나기 전까지의 시대는 비교적 일관된 트렌드를 발견하기 쉽습니다. 1990년대도 마찬가지였고요. 유튜브, 틱톡 등의 미디어가 본격적으로 발전한 2010년 이후부터는 트렌드가 세분화되었어요. 물론 여전히 획일적인 면도 있지만, 누구의 채널을 시청하는지, 어떤 집단을 모방하고 싶은지가 사람마다 다양합니다. 예를 들어 올리브영 매장을 가보면 유튜버가 광고하는 제품이 많은데, 그 유튜버를 구독하지 않으면 누구인지, 왜 추천하는 건지 알 수 없어요. 모두가 아는 국민 배우가 주로 광고를 하던 때와 다른 점입니다. 향 트렌드도 비슷하게 커다란 흐름은 있지만 조금 더 자세하게 들어가면 엄청나게 다양한 스타일이 생겨났어요. 라디오와 TV의 대중화 이전인 1920~1930년대 이전도 굉장히 다양한 향들이 각자 독특한 특징을 보이면서 나타납니다. 이 점을 떠올리며 시대별 트렌드를 살펴보는 것도 재미있을 거예요.

"

판타지의 향기는 나에게 자신감을 줘요.

슈퍼모델 엘 맥퍼슨

11

2000년대

**달콤한 셀러브리티 향수,
산뜻한 플로럴의 탄생**

✛   구어망드: 셀러브리티 향수와 함께
강조된 달콤함

2000년대에는 셀러브리티 향수와 함께 구어망드 계열이 주목을 받았습니다. 셀러브리티 향수란 단순히 유명인이 광고한 향수가 아니라, 유명인이 자기 이름을 걸고 판매하는 향수입니다. 2000년대에 나온 셀러브리티 향수 중 대히트한 향수들이 있는데요, 사라 제시카 파커의 러블리(2005), 제니퍼 로페즈의 글로우(2002), 브리트니 스피어스의 판타지(2005)입니다.

대다수의 셀러브리티 향수는 여성 유명인을 내세워 여성 고객을 타기팅해 큰 성과를 거뒀습니다. 제니퍼 로페즈의 글로우는 2005년에만 1억 달러의 수익을 올렸습니다. 그 해 미국 시장에서 두 번째로 잘 팔린 향수가 될 정도로 예상을 뛰어넘은 인기를 얻었어요. 2000년대 초반 하면 지금도 이 향수를 떠올리는 사람들이 많습니다.

러블리는 2005년 9월 고급 백화점 체인인 로드 앤드 테일러 뉴욕에서 사라 제시카 파커가 등장해 두 시간에 걸쳐 론칭했는데, 그

•   Geoffrey Jones, Beauty Imagined: A History of the Global Beauty Industry, 2010.

날 오후에만 4만 달러 이상 판매됐다는 이야기가 있었습니다." 브리트니 스피어스의 향수들도 붐을 일으켰어요. 첫 향수인 큐리어스는 2004년 백화점에서 가장 많이 팔린 향수였고, 판타지는 더 인기를 끌어 3주간 3000만 달러 이상 판매됐습니다."" 2007년은 브리트니 스피어스에게는 힘든 해였습니다. 머리를 밀고, 이혼 과정이 중계되는 등 사생활 면에서 어려움을 겪었죠. 그럼에도 2008년까지 론칭한 여섯 종류의 향수가 사라 제시카 파커, 제니퍼 로페즈, 카일리 미노그, 베컴 부부가 출시한 향수보다 더 많은 수익을 냈다고 합니다.""""

셀러브리티 향수가 처음 탄생한 것이 2000년대는 아닙니다. 1991년 출시한 엘리자베스 테일러의 화이트 다이아몬드도 있었고, 카트린 드뇌브도 1986년 본인의 향수를 론칭했었죠. 그러나 문화적, 경제적 환경이 달라진 만큼 2000년대 셀러브리티 향수 붐은 상업적으로 크게 성공했다는 점이 주목할 만합니다. 글로우를 처음 출시할 때는 이 향수가 실패할 거라는 예측이 많았다고 해요. 그러나 2000년대엔 미국의 솔로 여가수들이 활약하며 팝 문화를 만들어가

••   Julie Naughton, A Lovely Success, WWD, 2005. 9. 10.
•••   Lesley Goldberg, Taylor Swift Smells Sweet Success, Hollywood Reporter, 2010. 11. 5.
•••• Laura Barton, Britney and the sweet smell of distress, The Guardian, 2008. 2. 25.

고 있었습니다. 뮤직비디오나 음악을 방송하던 채널 MTV는 리얼리티 쇼를 더 많이 편성하는 등 유명인의 사생활에 대한 가십과 파파라치 문화가 과열되던 상황이었습니다. 그런 분위기 속에서 좋아하는 유명인이 내놓은, 그들이 직접 쓰는 향수, 유명인의 이미지를 담은 향수를 쓴다는 것은 이전과 다른 커다란 일체감을 선사하였습니다. 이런 인식이 상업적 성공으로도 이어졌고요.

대다수의 셀러브리티 향수는 여성 유명인을 내세워 여성 고객을 겨냥했지만, 성공 사례가 잇따르자 남성이나 기관의 이미지를 차용한 향수도 출시됐어요. 데이비드 베컴의 인스팅트를 비롯한 남성 셀러브리티 향수, 펜실베니아주립대학 향수도 출시됐습니다. 국내에서 교보문고가 교보문고 향을 마케팅하기 시작한 것이 2015년이니 어찌 보면 이런 트렌드를 조금 늦게 따라간 것이라고 할 수 있겠네요.

셀러브리티 향수들은 대체로 구어망드 계열의 달콤한 향이 많았습니다. 1992년에 나온 티에리 뮈글러의 엔젤이 구어망드 계열의 시초가 된 이후로 에틸 말톨이라는 물질을 이용한 달콤하고 솜사탕 같은 설탕 향이 여성 타깃 향수에 자주 쓰이기 시작했습니다. 셀러브리티의 이미지를 동경하는 10대, 20대 여성을 타깃으로 한 셀러브리티 향수가 인기를 끌면서 2000년대에 대중화되었고요. 지금에야 이런 달콤한 향이 익숙하지만, 2000년대에는 새로운 향이었어요. 향수에서 설탕이나 마시멜로우 같은 향이 날 수 있다는 것 자체가 재미있고 놀라운 일이었습니다.

브리트니 스피어스의 판타지는 지금까지 나오고 있는데요. 키위의 새콤한 향이 들어가 상쾌함을 더하고, 향긋한 꽃 향과 함께 에틸 말톨으로 표현해 낸 컵 케이크와 화이트 초콜릿 같은 달달한 디저트의 향이 납니다. 시간이 지나면서 재조합되어 지금은 키위 향이 조금 더 강조되었지만 예전에는 에틸 말톨으로 연출한 디저트 향이 더 강했습니다. 그냥 에틸 말톨만 쓴 것이 아니라 과일 향과 꽃 향을 섞어 프루티 플로럴을 더한 구어망드 계열의 향인데요. 이 향을 맡아 보면 그 당시 10대, 20대 여성들을 타깃으로 나온 향수들이 어떤 느낌을 추구했는지 알 수 있어요. 가볍고, 달콤하고, 발랄합니다. 저는 에틸 말톨이 몸에 닿으면 강렬하게 설탕 향만 나기 때문에 좋아하진 않지만, 이 향수가 사랑스럽고 행복한 이미지를 표현하려 했다는 것이 잘 느껴졌어요.

에틸 말톨이라는 성분은 셀러브리티 향수의 특징과도 잘 맞아떨어졌어요. 에틸 말톨은 합성 향료로 적은 양으로도 큰 효과를 내고, 가격도 저렴합니다. 대중들은 달콤한 향과 맛을 본능적으로 좋아하고, 이런 향은 사랑스러운 이미지를 만들어내기도 좋아요. 10대, 20

대 여성들을 겨냥한 셀러브리티 향수에서 많이 사용된 이유입니다. 지금 출시되는 여성 향수에서도 설탕과 솜사탕 향을 자주 맡아볼 수 있는데, 2000년대 셀러브리티 향수의 유행으로 달콤한 구어망드 향이 하나의 향 계열로 자리 잡았기 때문입니다.

✛ 가벼운 향수 트렌드의 연속: 아쿠아틱, 마린 향

물향, 즉 아쿠아틱, 마린 향의 인기는 1990년대부터 시작되어 2000년대 초중반까지 계속되었습니다. 2000년대 아쿠아틱 향수의 특징을 보여주는 대표적인 예는 랄프 로렌의 폴로 블루입니다.

폴로 블루는 2003년에 나온 남성향 향수입니다. 시원한 멜론 향, 물 향을 낼 때 많이 쓰는 오이 향, 허브 향과 잔향에서 받쳐주는 스웨이드 향이 인상적인 향수입니다. 프레시하고 가볍고, 여름에 어울릴 것 같은 상쾌한 느낌을 줍니다. 처음 나왔을 때는 오크모스 향도 있어서 라벤더-오크모스-쿠마린의 조합이 특징인 푸제르 계열 향수과 비슷한 면도 있었다고 합니다. 지금 출시되는 폴로 블루에는 오크모스 향이 없지만요.

폴로 블루는 시장에 새로운 패러다임을 가지고 오거나 혁신적인 성과를 이룬 향은 아닙니다. 하지만 아쿠아틱 계열 향수의 정석이라고 할 수 있어요. 이 향수를 통해 2000년대의 대표적인 남성 타깃 아쿠아틱 향수의 표현법을 알 수 있습니다. 현재 나오는 아쿠아틱 향수와 비교해 봐도 재미있을 겁니다.

가볍고 프레시한 향의 트렌드는 여성 타깃 향수에서도 계속되었습니다. 대표적인 것이 돌체 앤 가바나의 라이트 블루입니다. 2001

년에 출시된 돌체 앤 가바나 라이트 블루는 시트러스와 가벼운 플로럴 향이 주를 이루는 가운데, 끝의 시더우드가 살짝 우디한 향을 냄으로써 균형을 잡아줍니다. 역시 상쾌하고 무난한 향수인데, 사실 이 당시에 나온 여성 타깃 향수는 대부분 구어망드 계열의 향과 이렇게 가볍고 무난한 향 위주였습니다. 라이트 블루도 마찬가지로, 자스민 향이 들어가긴 하나 강렬하고 진한 향이 아닌, 상쾌하고 은은한 꽃 향에 가깝습니다.

마크 제이콥스 데이지도 이런 트렌드를 보여주는 향수입니다. 2007년에 나온 데이지는 데이지 꽃을 표현한 향수예요. 사실 실제 데이지 꽃에는 향이 없지만, 이미지를 향으로 표현했습니다. 그린한 바이올렛 리프, 즉 제비꽃의 잎 향으로 상쾌함을 더하고, 딸기의 달콤함과 가벼운 꽃 향으로 향긋함을 잡은 후 포근한 화이트 머스크로 잔잔하고 은은하며 밝은 느낌을 시종일관 주는 향수입니다.

✛ 플로럴 향: 화려함과 달콤함에서 산뜻함과 알싸함으로

2000년대의 가볍고 무난하고 상쾌한 향수 트렌드는 다른 꽃 향에도 적용되어 우리가 지금까지 즐기고 있는 향수의 표현법을 만들었습니다. 튜베로즈 향, 장미 향을 예로 들 수 있어요.

튜베로즈 향은 1940년대에 나온 로베르트 피게의 프라카스에서 쓰던 방식으로 연출하는 것이 일반적이었습니다. 굉장히 화려하고, 여러 가지 플로럴 향을 넣어 튜베로즈 특유의 진하고 강렬하고 달콤한 향을 강조하는 식이었지요. 베르사체의 블론드(1995), 지금은 단종된 킬리안의 비욘드 러브(2007)가 이런 방식으로 튜베로즈를 표현했습니다. 이와 다르게 표현한 로 세르주 루텐의 튜베로즈 크리미넬(1999)이 있기는 했는데요. 이 향수는 처음에 튜베로즈 꽃에서 자연스레 나는 물파스 같은 장뇌 향의 알싸함을 엄청나게 강조하다가 달달한 튜베로즈 향으로 넘어가 파격을 꾀했습니다. 그러나 대중적인 스타일은 아니었지요. 2000년대로 들어서면서 딥티크의 도 손, 그리고 프레데릭 말의 카넬 플라워가 프라카스로 시작된 화려하고 달콤한 튜베로즈 표현의 트렌드를 바꿔놨습니다.

딥티크의 도 손은 2005년에 나온 향수인데, 튜베로즈 향의 달콤함과 화이트 플로럴 특유의 조금 느끼하게도 느껴질 수 있는 풍성함을 살리면서도 부드럽고 가볍게 표현했습니다. 이 향이 가볍다고 생각하지 않는 분들도 있으실 거예요. 뭐가 가벼운가, 울렁거린다는 후기를 남기는 분들도 있습니다. 하지만 프라카스를 맡고 나면 딥티크의 도 손이 튜베로즈 특유의 향을 차분하고 수채화처럼 맑게 표현했다는 사실을 알게 됩니다. 이전의 튜베로즈는 훨씬 강렬했기 때문이죠. 또한 도 손은 당시 유행한 핑크 페퍼 향을 더해 알싸한 향으로 균형을 꾀했고, 잔향은 부드러운 머스크와 앰버로 포근하고 따스한 느낌을 주었습니다. 2017년에 나온 구찌의 블룸이 도 손과 거의 똑같은 향이 나는데, 차이점이 거의 없을 정도로 유사합니다.

튜베로즈 향에 더욱 큰 영향을 준 것은 프레데릭 말의 카넬 플라워(2005)입니다. 카넬 플라워는 그린 향이 많이 들어가 더 자연스럽고, 자연에 가까운 튜베로즈를 표현하려 한 향수입니다. 튜베로즈 특유의 강렬함을 살리면서도 2000년대의 가벼운 향수 트렌드에 맞춰 조금 톤 다운한 상태에서 유칼립투스 향을 넣어 그린하고 프레시한 느낌을 더하고, 자연스러움을 보여주려 한 것이죠. 최근 나오는 튜베로즈 향수는 이것보다도 더 가볍고 무난한 쪽으로 표현하는 경향이 있는데요. 이런 방식을 시작한 것이 바로 카넬 플라워입니다. 꽃집 같은 느낌의 향수라는 평가를 많이 받아요. 정말로 튜베로즈

꽃뿐만 아니라 잎과 줄기를 자를 때 나오는 진액까지 표현하려 한 노력이 보입니다.

장미 향에도 변화가 일어났습니다. 장미 향은 1990년대와 2000년대를 지나면서 올드한 향으로 여겨지게 됐어요. 장미 향수들은 주로 파우더리한 바이올렛(제비꽃) 향과 함께 장미를 표현했기에 상쾌하고 프레시한 향이 주류를 차지했던 1990~2000년대에는 매력적인 향수가 아니었습니다. 그러나 스텔라 맥카트니의 스텔라가 이 인식을 바꿔놨습니다. 2003년에 나온 스텔라는 지금 맡아도 요즘 유행하는 향수 같은, 굉장히 가볍고 프레시하고 깔끔한 향이어서 모던한 장미 향이라는 평가를 받았거든요. 이를 통해 장미 향이 새로운 표현 방법을 찾고, 다시 부상할 수 있었습니다.

새롭게 해석된 플로럴 향과 함께, 핑크 페퍼도 중요한 향으로 떠올랐습니다. 핑크 페퍼는 살짝 스파이시하면서도 장미와 비슷한 향이 납니다. 일반적으로는 향신료 핑크 페퍼의 향을 차용해 화학적으로 만드는 합성 향인데, 글로벌 향료 기업인 IFF에서는 실제 핑크 페퍼의 향을 추출한 향료를 만들기도 했어요. 핑크 페퍼는 스파이시한 향이 장미 향과 특히 잘 어울려요. 핑크 페퍼를 처음 사용한 향수는 1995년에 나온 에스티 로더의 플레져였습니다. 이때도 장미 향과 같이 쓰였고요.

핑크 페퍼는 2000년대에 본격적으로 많이 쓰이기 시작하는데요, 플로럴 향과 함께 연출하는 방식이 여러 향수에서 나타났습니다. 장 클로드 엘레나Jean-Claude Ellena가 설립한 브랜드인 더 디퍼런트 컴 퍼니에서 2000년에 만든 로즈 프와브르는 핑크 페퍼를 비롯한 여 러 스파이스와 장미 향을 섞어 부드러우면서도 스파이시한 향을 연 출합니다. 2007년에 나온 입생로랑의 엘르는 시트러스 향과 함께 리치의 달콤한 과일 향, 장미와 작약 향, 그리고 핑크 페퍼가 어우러 지면서 부드럽고 플로럴한 향을 내는 가운데 패츌리가 밑에서 우디 함을 받쳐주고요.

✛   패츌리의 새로운 발견: 프룻츌리

가벼운 향수가 중심이 되던 2000년대였지만, 동시에 프룻츌리 fruitchouli 향수가 유행하기 시작했습니다. 우디한 패츌리 향에 과일 향을 넣어 좀 더 달달하게 표현하는 방식인데요. 1992년 티에리 뮈글러의 엔젤이 에틸 말톨의 솜사탕 같은 향과 패츌리의 우디함을 결합해 균형을 맞춘 향을 선보인 후, 영향을 받아 나온 트렌드라 할 수 있습니다. 똑같이 에틸 말톨을 쓰는 대신 과일 향을 넣어 차별화하고 더 상큼한 느낌을 주려 한 표현 방식이죠.

샤넬의 코코 마드모아젤(2001)이 프룻츌리의 좋은 예입니다. 꽃 향과 함께 오렌지의 과즙이 풍성한 향, 여기에 패츌리의 향이 어우러지면서 상큼하고, 향긋하고, 그러면서도 균형 잡힌 우디함을 풍겨, 새로운 젊은 여성상을 만들어내기 충분했어요. 2005년에 나온 빅터 앤 롤프의 플라워 밤도 오스만투스의 살구나 복숭아 같은 향에 향긋한 꽃 향, 패츌리의 우디 향을 균형 있게 배치하였습니다. 2011년에 나온 지미 추의 지미 추는 그린 향으로 살짝 상쾌함을 더하고, 서양배 향과 꽃 향, 토피 같은 달콤한 향과 패츌리를 섞었고요. 지금 맡아보면 흔하다고 느낄 수 있지만, 당시에는 굉장히 혁신적이었습니다.

니치 향수의 태동과 한국 향수 시장

2000년대에 매우 가볍고 무난한, 대중적인 향수들이 주로 등장한 것에 불만을 갖는 사람들도 있었습니다. 지금까지도 인기를 끌고 있는 니치 향수 브랜드가 부상하기 시작한 배경이에요. 바이레도, 르 라보, 프레데릭 말 같은 브랜드들이 이때 처음으로 향수를 냈습니다. 물론 니치 향수가 처음 생긴 시기는 1960년대까지로도 거슬러 갈 수 있지만, 지금 니치 향수라는 카테고리로 묶여 사랑받는 브랜드 중 여럿이 가볍고 무난한 향의 트렌드 속에서 반기를 들며 등장했어요.

2000년대 한국에서는 향수가 이분화되어 있었습니다. 샤넬이나 디올, 구찌 같은 디자이너 향수들과 비교적 저렴한 향수들입니다. 교보문고 핫트랙스 등에서 판매했던 데메테르 향수가 대표적으로 저렴한 향수였죠. 국내에서 사랑받은 몇 가지 향수들을 보면, 랑방의 에끌라 드 아르페쥬(2001)는 굉장히 부드럽고 가볍고 산뜻한 플로럴 프루티 향이었습니다. 당시 트렌드와 한국인들의 선호도에 맞아떨어졌죠. 에끌라 드 아르페쥬는 지금까지도 계속 팔리고 있는 스테디셀러입니다. 마크 제이콥스의 데이지, 돌체 앤 가바나의 라이트 블루, 제니퍼 로페즈의 글로우도 비슷한 스타일로 인기가 많았습니다.

디자이너 향수 쪽으로 가면 샤넬의 코코 마드모아젤도 많이 썼지만, 구찌의 엔비 미가 굉장히 가볍고 밝고 은은한 플로럴함과 프루티함이 섞인 향이어서 사랑받았습니다. 당시 트렌드에서 벗어난 향수로는 디올의 미드나잇 쁘아종이 있었는데요, 마치 2010년에 나올 프레데릭 말의 포트레이트 오브 어 레이디를 예고하듯 장미와 패츌리를 섞은 엄청나게 어둡고, 매캐하고, 우디한 건조한 장미 같은 향수였습니다. 잘 안 팔려서 차후에 단종되었지만, 시대를 앞서간 향수였어요. 이 향수를 나중에 맡아보고 '이 당시에 이런 향수가?' 하고 놀랐던 기억이 있습니다.

"

샌달우드는 어디서나 맡을 수 있는 향이 되었다.

2015년 『뉴욕 타임스』

12

2010년대

우디 향의 재발견과
글로벌 향수 시장의 성장

✚　　　**글로벌 향수 시장의 팽창과 오우드 향**

　2010년대는 향수 업계에 여러 가지 중요한 트렌드가 등장했던 해입니다. 가장 먼저 살펴볼 것은 글로벌 향수 시장의 팽창과 함께 인기를 끌었던 오우드 향입니다. 2010년대, 특히 2010년 중후반 향수들은 오우드, 혹은 아가우드라 불린 노트를 많이 사용했습니다. 서양 향수에서는 2002년에 입생로랑에서 나온 M7이 오우드 향이 들어간 남성 향수의 트렌드를 제시한 향이라고 평가받습니다. 오우드가 들어간 최초의 향수는 아니지만, 현재와 같은 표현 방식을 제시한 건 처음이었어요.

　광고 이미지도 매우 파격적이었는데요. 성기를 포함한 전신 노출이 있는 광고를 만들었어요. M7이 사용한 향료와 향의 콘셉트는 이전 시대와 완전히 달랐습니다. 당시에는 1990년대 트렌드를 이어받아 가볍고 프레시한 향이 일반적이었는데, M7은 어둡고 묵직한 우디함에 달콤한 초콜릿이나 콜라 같은 향이 섞여 약간의 향신료 느낌이 나는 이국적인 향입니다. 당시 입생로랑은 톰 포드가 총괄하고 있었는데요. M7을 맡아보면 나중에 큰 인기를 끌었던 톰 포드의 오드 우드(2007)가 떠올라요. 어둡고 무거운 나무 향, 이국적인 향신료 향, 그러면서도 이 둘을 부드럽게 눌러주는 달콤한 향의 조합이 주는 느낌이 비슷하거든요. M7은 상업적으로는 실패했지만, 이후 서양 향수 업계에서 오우드를 표현하는 방법의 한 가지 청사진을 그렸다는 점에서 중요합니다.

2000년대 후반에서 2010년대 코로나 이전까지 오우드 향수는 그야말로 향수 업계에 범람했습니다. 2000년대 후반에 시작된 트렌드를 이야기하는 이유는 2010년대에도 막대한 영향을 끼쳤기 때문입니다. 지금도 오우드 향수는 향수 브랜드가 론칭할 때, 혹은 성장해서 규모가 조금 커진 후에 감초처럼 빠지지 않고 제품 목록에 들어가곤 합니다.

오우드가 유행한 이유는 여러 가지입니다. 먼저 중동 지역의 시장 확대가 있습니다. 중동의 경제 부흥과 함께 향수 시장 역시 성장했습니다. 걸프협력회Gulf Cooperation Council에 따르면 이 지역 향수 시장은 2011년에 이미 30억 달러에 육박하고 있었어요. 특히 럭셔리 향수 시장이 연간 5.4%의 성장률을 보이고 있었습니다. ˙ 중동에서는 오랫동안 서양과 별개로 향 문화가 발달해 왔는데요. 아타르attar 또는 이타르ittar라고 하는 향유를 바르는 문화와 관련한 가장

˙ Emirates247, GCC perfume market worth $3bn, 2011. 3. 17.

오래된 기록이 12~13세기에 남아 있어요. 우리가 생각하는 향수와 달리, 식물성 재료 등을 증류해 만든 향 오일을 다른 여러 향 오일과 섞어서 사용합니다. 인센스 스틱 등을 태워 옷에 향을 입히는 문화도 있었어요. 이런 맥락에서 향 오일, 인센스 스틱 등에 사용되는 오우드는 중동에서 매우 중요한 향입니다. 이 시장을 공략하기 위해서는 중동인들이 선호하고 익숙하게 느끼는 오우드 향을 활용할 필요가 있었어요. 재미있는 점은 우리가 오우드 향의 우디함을 남성적이라고 생각하는 것과 달리, 중동에서는 오우드 향이 여성적으로 여겨졌다는 거예요. 중동의 경제 부흥과 함께 향수 시장도 성장했어요.

오우드가 인기를 끈 또 다른 요인은 중동이 여행지로 부상하게 되었다는 것입니다. 두바이, 아부다비 등의 도시가 개발되면서 서양에서 오는 여행자가 늘었습니다. 중동의 정취에 익숙해진 사람들이 많아진 것이죠. 9·11 테러 이후 미국은 물론 서양 각국에서 무슬림과 이슬람 문화에 대한 혐오가 확산됐었는데요. 개발과 경제 발전으로 중동 지역의 여러 도시가 휴양지로 변하며 인식의 변화가 생겼다고 해석할 수 있습니다. 한편으로는 이민자가 늘면서 문화의 공존을 경험한 사람들이 많아지기도 했고요. 어떤 이유로든 문화의 교류를 통해 오우드 향이 서양에 소개되고 익숙해진 사람들이 향수로 접해도 거부감이 없을 만큼 보편화된 것이죠.

마지막 요인으로는 2007년부터 시작된 향료에 대한 규제를 들 수 있습니다. 가장 오래 남는 향인 베이스 노트에는 전통적으로 비교적 무겁고 오래가는 향이 쓰였습니다. 머스크, 샌달우드, 오크모스, 앰버 등의 향인데요. 대체로 묵직하고 부드러운 향으로, 다른 향을 고정시켜 더 오래 지속되도록 하는 역할을 합니다. 머스크 중 화이트 머스크 향은 포근하면서도 보들보들한, 스웨터가 연상되는 향입니다. 오크모스는 흙과 쌉쌀한 향, 숲의 흙 같은 향이 나면서도 살짝 달콤한, 특유의 벨벳 같은 향을 갖고 있고요. 그런데 베이스 노트 향료의 수급에 문제가 생기기 시작했어요. 화이트 머스크 중 하나인 니트로 머스크는 인체에 악영향을 끼치는 것으로 확인돼 사용이 불가능해졌고, 샌달우드 향의 원료로 주로 사용되었던 인도산 샌달우드는 과채집 때문에 멸종 위기종이 되었습니다. 오크모스는 알러지를 유발하는 것으로 알려져 사용이 금지되었고요. 베이스 노트로 사용할 어둡고 진한 향을 새로 찾아야 했는데, 여기에 잘 맞는 것이 바로 오우드였습니다.

이런 이유로 오우드 향수는 2000년대 후반에서부터 2010년대까지 그야말로 폭발적으로 늘어났습니다. 몽탈에서는 2005년 오우드 로즈 페탈, 오우드 라임, 로얄 오우드 등의 향수가 나왔고, 2007년에 출시된 톰 포드의 오드 우드는 오우드 붐을 예고했어요. 메종 프란시스 커정에서는 2012년~2013년에 오우드, 오우드 실크 무드, 오우드 캐시미어 무드, 오우드 벨벳 무드 등의 오우드 시리즈를 출시했죠. 이 외에도 꼼데가르송, 구찌, 까르띠에, 베르사체, 조 말론, 프레데릭 말 등 많은 브랜드에서 2010년 초반부터 오우드가 들어간 향수를 선보였습니다.

✛ 우디 향의 재발견: 상탈 33,
   포트레이트 오브 어 레이디, 로스트 체리

2010년대에 중요하게 떠오른 향 노트 중 가장 큰 파급력을 일으킨 것은 샌달우드입니다. 인도 마이소르 지방에서 나는 샌달우드가 최고급으로 꼽히는데요. 한국어로는 노산백단이라고 불리는 마이소르 샌달우드는 1989년 출시된 겔랑의 삼사라에서 매우 효과적으로 쓰였어요. 그러나 과도한 벌목으로 인해 멸종 위기종으로 지정되었고, 인도 정부가 엄격하게 관리하고 있습니다. 2024년부터 조금씩 여러 규제하에 벌목이 가능해졌어요.

마이소르 샌달우드는 버터나 유제품이 연상되는 부드럽고 풍성한 향, 땅콩 껍질 같은 고소한 향 등 화려한 아름다움이 특징입니다. 반면 호주산 샌달우드, 한국어로는 신산백단은 나무 특유의 우디한 느낌, 건조하고 거친 느낌을 가지고 있어요. 마이소르 샌달우드가 구하기 어려워지자 향수 업계에서는 이 향을 재현하려 노력했습니다. 호주산 샌달우드에 여러 합성 향료를 더하는 등의 시도가 있었죠. 이런 트렌드를 바꾼 것이 르 라보의 상탈 33입니다. 2011년에 나온 상탈 33은 사람들이 기피하던 호주산 샌달우드 특유의 거칠고 건조한 나무 내음을 오히려 도시적이고 세련된, 현대적인 이미지를

만드는 요소로 사용했습니다. 결과는 성공적이었습니다. 2015년에
『뉴욕 타임스』가 "(너무나 유행하기 때문에) 어디서든 맡을 수 있는 향"
이라고 평가할 정도였어요.'

상탈33 이후로 샌달우드 향의 기준은 인도산 샌달우드가 아니라
호주산 샌달우드가 되었습니다. 이 향수 하나로 2010년 전반에서
중후반까지 이어진 우디 향 트렌드가 생겨났다고 해도 과언이 아닐
정도로 엄청난 인기였어요. 우리가 지금 가진 샌달우드에 대한 모든
이미지가 이 향수에서 파생되었습니다.

상탈 33을 시작으로 2010년대에는 전반적으로 우디하고, 화려
하고, 다소 묵직한 향수의 유행이 계속되었습니다. 몇 가지 향수를
살펴볼 텐데요. 첫번째는 2010년에 출시된 프레데릭 말의 포트레
이트 오브 어 레이디입니다. 패츌리와 장미를 사용한 향인데, 어둡
고 우디하고 매캐한 패츌리와 인센스 향, 그리고 장미 향을 함께 배
치했습니다. 맑고 깨끗하고 단선적으로 표현한 장미 향이 대세였던
장미 향수에 파격적인 시도를 한 향입니다.

또 다른 향수는 2018년에 출시된 톰 포드의 로스트 체리입니다.

• Olivia Fleming, That Perfume You Smell Everywhere Is Santal 33, New York Times, 2015. 11. 16.

로스트 체리 이전에는 체리를 부드럽고 상큼하고 달콤한, 사랑스럽고 가벼운 느낌으로 표현하곤 했습니다. 롤리타 렘피카의 아마레나 윕, 겔랑의 플로라 체리시아가 체리 향이 들어간 대표적인 향수인데요. 이 향수들은 가볍고 달달한 느낌으로 체리를 표현했습니다. 반면 로스트 체리는 달콤한 체리 향과 함께 양주를 연상시키는 술 향을 넣어 조금 더 무겁고, 성숙하고, 화려한 느낌을 줍니다. 1990년대에서 2000년대의 구어망드 계열이 주로 솜사탕이나 초콜릿 같은 디저트 향에 치중되어 있었다면, 2010년대의 구어망드 계열은 주로 술과 차, 커피 등의 향에서 영감을 받았어요. 그래서 더욱 화려하고 대담하며 성숙한 느낌을 주는 구어망드 향이 나타나기 시작했습니다.

✛   네오 시프레: 규제와 기술이 만났을 때

2010년대의 또 다른 트렌드는 네오 시프레의 등장입니다. 네오 시프레 혹은 핑크 시프레, 누보 시프레 등으로 불리는 향조의 조합인데요, 네오 시프레를 이해하려면 일단 시프레 향수가 무엇인지 알아야 합니다. 향조 중에는 글의 서론-본론-결론처럼 탑-미들-베이스 노트의 향이 정해져 있는 향 계열이 있는데, 시프레도 그중 하나입니다. 시프레 향수는 베르가못-라다넘-오크모스의 구조를 가지고, 여기에다 다른 요소를 넣고 빼면서 변주하는 방식으로 진화했습니다. 핵심은 베르가못의 상쾌하고 시원한 탑 노트와 오크모스의 어둡고 묵직한 베이스 노트의 대비에서 오는 아름다움이에요. 문제는 오크모스가 알러지 유발 성분으로 지목된 2000년대 이후부터는 오크모스를 이전처럼 사용하는 것이 불가능해졌다는 점입니다.

시프레 향수는 시프레라는 장르를 정립한 코티의 시프레(1917)가 나온 다음부터 큰 사랑을 받아왔습니다. 시프레 계열 향수는 겔랑의 미츠코(1919)부터 시작해 디올의 미스 디올 오리지널(1947), 발망 이보아르(1979)까지 시대를 가리지 않고 유행했습니다. 그러나 오크모스 향에서 알러지를 유발하는 화학 성분을 빼면 오크모스 특유의 향이 많이 약해지기 때문에, 시프레 계열 자체의 존속이 불투명한 상황이었습니다.

우선 알려진 성분을 뺀 오크모스 향에 다른 향료를 섞어 재현하려는 시도가 이어졌어요. 현재까지 출시되고 있는 고전 향수들이 성분을 바꿔 재조합을 했는데요. 2010년에 겔랑의 미츠코가 이런 과정을 겪었는데, 결과는 솔직히 실망스러웠습니다. 오크모스가 들어갔던 고전 향수를 좋아하는 사람들을 설득하지 못했죠. 2013년 다시 재조합된 버전은 조금 더 나은 평가를 받기는 했습니다.

오크모스가 아닌 다른 향료로 오크모스와 비슷한 효과를 내려는 시도도 있었습니다. 주목할 만한 대응이라고 생각해요. 사용한 향료 자체도 특이해서 재미있지만, 규제나 한계가 창의력을 더 촉진하는 사례이기도 합니다. 힐리의 시프레 21은 이름도 21세기의 시프레라는 의미인데요. 해조류 노트를 통해 오크모스 특유의 향과 효과를 재현하려 노력했습니다. 한계와 기술의 발전이 만나 일으킨 혁신을 보여준다고 생각합니다.

아예 시프레라는 장르 자체의 뜻을 바꾸려는 움직임도 있었죠. 바로 네오 시프레 혹은 누보 시프레입니다. 시프레의 특징인 베르가못-라다넘-오크모스의 구조를 만다린이나 오렌지, 레몬 등의 시트러스 과일과 우디한 패츌리, 베티버의 구조로 변형했어요. 샤넬의 레젝스클루시프 시리즈로 나온 31 뤼 깡봉 오 드 뚜왈렛(2007)이 대표적입니다. 단종 후 2016년에 출시된 31 뤼 깡봉 오 드 퍼퓸 기준으로 살펴보면, 알데하이드와 레몬으로 시작하는 상큼함, 중간의 일랑일랑과 아이리스를 통해 만들어지는 샤넬스러운 우아함, 그리고 패츌리를 통해 만들어내는 우디함의 조화와 대비가 있는 향입니다. 개인적으로는 오 드 뚜왈렛이 더 우디하고 대비가 강렬해서 좋아했지만, 현재는 오 드 퍼퓸 버전만 판매되고 있어요.

✛   한국 향수 시장의 팽창: 프레데릭 말 엉 빠썽, 딥티크 필로시코스, 메모 인레

2010년대는 한국 향수 시장에 엄청난 변화가 일어난 때였습니다. 2010년 초반에 백화점에 가면 대부분 디자이너 브랜드였어요. 샤넬, 디올, 입생로랑, 구찌 등의 브랜드 향수가 대다수를 차지했고 지금처럼 니치 향수 브랜드가 많지 않았죠. 하루만 백화점을 돌아도 대부분의 향수를 다 맡아보는 것이 가능했습니다. 올리브영 같은 드럭스토어에도 향수 종류가 그리 많지 않았고요.

2010년 중반부터 점점 많은 사람들이 향 제품에 관심을 가지기 시작했고, 이런 흐름이 향수를 소비하는 방식에도 영향을 끼쳤습니다. 딥티크와 프레데릭 말의 엄청난 영향력은 개인적으로도 기억에 남아요. 프레데릭 말의 많은 향수가 유행했어요. 뮤스크 라바쉐는 지드래곤이 써서 지디 향수로 불렸고, 로 디베도 겨울 느낌 나는 포근한 향수로 꼽히며 많은 사람들이 찾았습니다. 가장 큰 영향을 끼친 향수는 프레데릭 말의 엉 빠썽입니다. 엉 빠썽은 올리비아 지아코베티 Olivia Giacobetti가 조향해 2000년에 출시된 향수로 라일락 향, 물 향, 그리고 빵의 향이 살짝 나는 향수입니다. 2017년 즈음부터 국내에서 엉 빠썽이 유행하기 시작하면서 라일락 향수에 대한 관심이 크게 늘었어요. 당시 한국에 정식으로 들어온 니치 향수 브랜드들이 많지 않았기 때문에 소규모 조향사들이 만든 카피 제품을 사거나 해외에서 직구해야 했죠. 지금도 라일락 향수 추천 목록이 온라인에서 종종 보이는데요. 이때의 여파라고 보시면 됩니다.

딥티크 역시 국내 향수 시장에서 중요한 역할을 한 브랜드인데요. 블랙커런트 잎 향과 여린 장미 향의 조합으로 비온 뒤 아침 장미의 향 같다는 평을 많이 들은 롬브르 단 로, 소지섭 향수라고 불린 오에도도 있지만 고현정 향수라고 불린 필로시코스가 큰 영향을 끼쳤습니다. 필로시코스 역시 올리비아 지아코베티가 조향한 향수예요. 무화과 향이 주가 되는데, 무화과 열매의 향뿐 아니라 무화과 잎, 무화과 나무 껍질까지 재현한 현실적인 향수라는 평가를 많이 받습니다. 그린함, 우디함 역시 살아있다는 뜻이겠지요. 당시에는 국내에 무화과 향수가 없었기 때문에 하나의 인기 향조를 만들고, 향수 수요를 늘리는 역할을 한 향수입니다.

마지막으로 2010년 후반에 유행한 메모의 인레도 주목할 만합니다. 금목서라고도 불리는 오스만투스 향이 특징적인 메모의 인레는 상쾌한 그린 향과 오스만투스 특유의 달콤한 복숭아 풍선껌 같은 향이 나는데요. 이 향수가 유명해지면서 사람들이 오스만투스 향을 찾기 시작했습니다. 사실 한국에서 달달한 복숭아 향은 특유의 과즙이 흐를 것 같은 달콤함이 사랑스럽고 발랄한 분위기를 연출하기 때문에 늘 선호되는 향 노트 중 하나예요. 오스만투스는 복숭아나 살구 같은 향이 나면서도 너무 달지 않고 플로럴 계열의 부드러운 느낌을 연출하기 때문에 사랑받았던 것 아닐까 싶습니다. 오스만투스 추천 목록 리스트도 온라인에서 쉽게 찾아보실 수 있을 거예요.

2010년대의 한국 내 향수 트렌드를 보면 두 가지 사실을 알 수 있습니다. 첫 번째는 당시 특정 브랜드의 특정 향수가 누린 인기와 주목도를 통해 향수 시장이 커졌다는 점입니다. 향 제품과 향수에 대한 관심과 수요가 늘면서 백화점은 물론 드러그스토어에도 다양한 브랜드가 입점하게 되었지요. 두 번째는 추천 리스트가 공유될 정도로 인기였던 라일락, 무화과, 오스만투스 향은 한국인들의 선호와 맞아떨어지면서 시장을 팽창시켰다는 점입니다. 장미나 자스민 같은, 전통적으로 향수에서 많이 쓰이는 노트들은 해외에서도 추천 목록을 만드는 경우가 많습니다. 그러나 라일락, 무화과, 오스만투스 등은 주류 노트가 아닌데요. 이 향들은 모두 가볍고 무난하고 부담스럽지 않은 노트를 선호하는 한국인들의 성향과 맞아떨어집니다. 주류가 아닌 노트의 향수로 목록을 만들 수 있을 만큼 한국 시장에 들어온 향수 브랜드와 종류도 많아졌다는 뜻이죠.

"

**자연에서 영감을 얻되, 현대적인 접근법으로
다시 만들어내는 것이 중요합니다.**

패션 디자이너 존 갈리아노

13

2020년대

셀러브리티 향수와
로컬 브랜드

코로나 이후의 향 트렌드: 깨끗함과 가벼움, 그린 향

2020년대의 향수 트렌드는 2019년 시작된 코로나 사태에 많은 영향을 받았습니다. 많은 국가에서 봉쇄 조치가 내려지면서 외출이 어려워졌습니다. 한국에서도 마스크를 의무화했기 때문에 백화점이나 숍에서의 시향, 착향 자체가 금지되었어요. 수요가 줄자 향수 시장은 큰 타격을 받았습니다. 공급 측면에서도 문제가 생겼는데요. 자연에서 추출해야 하는 여러 향료들의 재배와 수확이 어려워지면서 품귀 현상을 빚고, 가격도 올랐습니다.

코로나 이후에도 향료 수급의 어려움은 이어지고 있어요. 세계 곳곳에서 이상 기후와 자연 재해가 계속되고 있기 때문입니다. 2023년 튀르키예-시리아 지진으로 향수에 널리 쓰이는 튀르키예산 장미 향료의 값이 천정부지로 올랐어요.

자연스럽게 향의 트렌드가 바뀌었습니다. 2020년대 이전에는 다소 이국적이고 무거운 침향沈香,˙ 오우드 향이 들어간 향수가 유행했

- 향이 강렬해 물에 가라앉는다 해서 가라앉을 침(沈)자를 써 침향이라고 부른다. 나무들은 병충해나 균의 침입에 대응하기 위해 수지를 만드는데, 여기에서 특유의 강렬하고 무거운 향이 난다.

습니다. 매우 묵직하고, 강렬하고, 어두운 느낌의 우디 향으로 표현하는 경우가 많았죠. 그러나 코로나 시대를 지나면서 자유롭게 밖으로 나갈 수 없게 된 사람들은 자연을 연상시키는 그린 계열의 향을 찾게 됩니다. 그린 향과 함께 깨끗하고, 가볍고, 청결한 느낌을 연상시키는 향 제품이 사랑받았는데요. 이런 경향은 현재까지도 이어지고 있습니다.

2020년대에 그린 계열 향을 사용한 대표적인 향수들을 먼저 살펴볼게요. 첫 번째는 프레데릭 말의 신테틱 네이처입니다. 1970년대에 유행한 그린 향에서 영감을 받은 향수예요. 신테틱 정글이라는 이름으로 2021년 출시되었고, 2024년에 신테틱 네이처로 리브랜딩되었어요. 강렬한 바질 향과 함께 은방울꽃 향이 나면서 잎사귀나 잔디가 연상되는 그린 향인데요. 플라스틱으로 만들어진 모조 잎사귀, 네온 그린색이 떠올랐습니다. 2022년 출시된 디에스 앤 더가의 비스트로 워터도 그린 계열의 향이에요. 특이하게도 피망 같은 향이 나요. 말 그대로 샐러드를 연상시키다 점점 우디하게 변한 향수였습니다.

코로나 이후 깔끔하고 자연스러운 향이 사랑받는 흐름은 1980년대 후반에서 1990년대 초와 비슷합니다. 1980년대에는 화려하고 강렬하고 무거운, 섹슈얼한 이미지를 불러일으키는 향수가 트렌드였는데요. 1980년대 후반 에이즈가 유행하면서 이런 트렌드가 저물었어요. 1990년대부터 깔끔하고 중성적이며 깨끗한 향이 인기를 끌었죠. 코로나 이후에도 위생을 신경 쓰게 되면서 화려하거나 이국적이기보다는 청결하고 깨끗한 느낌을 주는 향을 선호하게 되었습니다. 계속 집에 있다 보니 공간을 꽉 채우는 강렬한 향보다는 여백이 있는 향을 찾게 되었을 테고요. 코로나 이후에도 섬유 유연제, 세제, 방향제처럼 포근하고 깨끗한 느낌의 향이 계속 나오고 있어요.

물론 이런 트렌드 이전에도 한국에는 가벼운 향을 선호하는 경향이 있었습니다. 강렬한 향의 대표라고 할 수 있는 오우드가 들어간 향수는 2010년대에 글로벌 시장에서 큰 인기를 끌었지만, 한국에서는 그만큼 많이 팔리지 않았어요. 노동 시간이 길어 밀폐된 공간에서 오래 일하고, 대중교통으로 이동하는 시간이 길다 보니 강한 향수를 민폐라고 생각하는 분위기가 있어서일 것 같습니다. 서양에서도 강렬한 향수들은 대체로 파티나 행사 등 특별한 곳에 갈 때 뿌리는데요. 한국에서는 그런 자리에 가는 일이 많지 않다 보니 선호도가 떨어질 수 있죠.

아크네 스튜디오 파 프레데릭 말: 가볍고 깨끗한 향의 새로운 표현법

2024년 프레데릭 말이 패션 브랜드 아크네 스튜디오와 협업해 출시한 아크네 스튜디오 파 프레데릭 말은 가볍고 깨끗한 향의 트렌드를 아주 잘 보여줍니다. 알데하이드와 꽃 향, 바닐라 향과 화이트 머스크가 주가 되는 향인데요. 알데하이드는 샤넬의 No.5가 만들어졌을 때부터 쭉 깔끔하고 깨끗한, 인공적이지만 위생적인 향을 표현하는 데 쓰였습니다. 조향사 수지 르 헬리 Suzy Le Helley는 섬유 유연제에서 영감을 받아 이 향수를 만들었다고 인터뷰했어요.[·] 향수의 모티프가 된 섬유 유연제 같은 느낌을 내는 것이 알데하이드 향이에요. 여기에 화이트 머스크가 어우러졌는데요. 화이트 머스크가 특유의 부드럽고, 보들보들하고, 깔끔한 향을 매우 잘 표현해 줍니다. 우리가 깨끗한 향으로 인식하는 향들은 비누나 샴푸 같은 위생 관련 제품의 향을 연상시키는데요. 이 향수에서는 섬유 유연제에 자주 쓰이는 화이트 머스크 향이 그 역할을 합니다.

• Editions de Parfums Frederic Malle, Acne Studios par Frederic Malle. Behind the scene., Youtube, 2024. 5. 22.

주목할 점은 이 향수가 고가의 브랜드 제품이라는 점이에요. 비누, 샴푸, 세제 등의 저렴한 향 제품들이 고가의 브랜드 향수를 따라하는 것은 흔한 일입니다. 반대로 럭셔리 브랜드들이 저렴한 향 제품에서 영감을 받는다면 여러 가지를 더하고 빼서 의도적으로 거리를 두려고 해요. 고가의 제품인데 익숙한 샴푸 향이라면 소비자를 설득하기 어려울 테니까요. 그러나 아크네 스튜디오 파 프레데릭말은 섬유 유연제의 향을 충실히 재현했습니다. 그럼에도 고급스러움은 유지하고 있어요. 향의 전체적인 조화가 뛰어나고, 섬유 유연제 특유의 약간 쎄한 느낌을 꽃 향, 바닐라 향 등으로 누그러뜨렸습니다.

✛ 셀러브리티 향수: 카피와 마케팅 사이

전 세계적으로는 셀러브리티 향수의 재유행이 눈에 띕니다. 셀러
브리티 향수는 유명인이 광고 모델인 향수나, 특정 연예인이 쓰는
향수로 알려진 경우와는 달라요. 유명인이 자신의 이름을 붙여서 향
수를 판매하는 것에 가깝습니다. 서구권에서는 2000년대에 이런
트렌드가 강하게 나타났다가 사라졌는데, 최근 다시 돌아올 조짐이
보입니다.

2018년에 팝스타 아리아나 그란데가 출시한 클라우드를 먼저 살
펴보겠습니다. 클라우드는 사실 메종 프란시스 커정의 바카라 루쥬
540(2015)과 유사합니다. 바카라 루쥬는 출시 이후 극찬을 받으며
엄청나게 유행한 향수죠. 바카라 루쥬를 놓고 요거트 향이 난다고
표현하는 분들이 많아요. 달달한 솜사탕이나 사탕 같은 향인 에틸
말톨 성분이 들어갔기 때문입니다. 여기에 살짝 쇠 냄새라고도 표현
하는 시원함이 더해져 균형을 잡아줍니다. 클라우드 역시 솜사탕 향
에 조금 더 느끼한 코코넛 향이 더해져 있어요.

프리랜스 향 전문가로 활동하는 에릭 콘스탄틴Erik Constantin의
인스타그램 계정 @fragrance.drama에 업로드된 성분 자료를 보면
두 향수의 원료는 상당히 흡사합니다. 이 자료는 개별 화학 성분을

분리하고 식별하는 가스 크로마토그라피 GC, gas chromatography 를 통해 분석한 결과인데요. 콘스탄틴은 향수 업계의 공정함과 투명성, 윤리를 요구하면서 향수 성분 정보를 공개하고 있어요.

셀러브리티 향수에는 몇 가지 특징이 있습니다. 첫째, 연예인이 자기 이름을 걸고 자신의 이미지나 분위기를 반영해 만드는 향수입니다. 마케팅에 유리하죠. 물론 실제 향수를 만드는 것은 향수 회사이지만, 브랜드는 아리아나 그란데, 레이디 가가, 비욘세 등이에요. 제품에도 연예인의 평소 이미지를 담습니다. 클라우드는 아리아나 그란데의 긍정적이고 행복한 이미지를 팬들에게 전달한다는 콘셉트로 둥둥 떠다니는 행복감을 연상시키는 구름 모양의 귀여운 디자인입니다. 향수의 이름도 행복의 절정을 의미하는 'on cloud nine'이라는 표현을 떠오르게 해요. 아리아나 그란데를 좋아했던 팬들을 그대로 소비자로 포섭하는 전략이라고 할 수 있어요.

두 번째 특징은 향수 가격이 대체로 저렴하다는 점입니다. 여기에는 부연 설명이 조금 필요합니다. 전통적으로 서구권에서는 여성용 향수는 비싸고 남성용 향수는 저렴했어요. 1950년대 이전에 향수는 남성이 여자 친구, 좋아하는 여성, 아내에게 선물하는 것이지, 여성 소비자가 직접 사는 물건은 아니라는 인식이 있었습니다. 물론 실제로는 여성 소비자들이 직접 원하는 향수를 골라 구입했지만, 적어도 대중적으로는 숙녀답지 않은 것으로 비춰졌습니다. 여성 향수는 선물용이기 때문에 비싸고, 남성 향수는 남성들이 직접 구매하는 제품이기 때문에 쌌던 것이죠. 2010년에 니치 향수 브랜드 크리드가 출시한 어벤투스 이전에는 비싼 남자 향수가 많지 않았습니다. 남성용 향수는 면도한 후 뿌리는 애프터셰이브 제품처럼 생각되었죠. 그래서 저렴하고 대용량인 대신 부향률이 낮았습니다. 특히 미국에서는 향수를 뜻하는 퍼퓸perfume이라는 단어 자체가 여성적이라고 생각되어서 남성들을 위해 출시된 향수는 코롱cologne이라고 부를 만큼 남성의 치장을 여성적인 것이라 생각하고 금기시했어요. 비싼 남성용 향수가 팔리기 어려운 환경이었던 거죠.

셀러브리티 향수는 여성 연예인들의 팬인 10대, 20대를 대상으로 만들기 때문에 가격이 매우 저렴하게 책정되었습니다. 향 자체는 여성 타깃 향수에서 주로 쓰는 꽃 향이나 달달한 향, 과일 향을 많이 사용하는데요. 고급 향수인 니치 향수, 디자이너 브랜드 향수에서 만들어낸 향 트렌드나 조합을 따라하거나 조금씩 변형해 사용하는 경우가 많아요. 저렴한 가격과 고급 향수의 향 조합을 모사하는 특성이 연결되어 있는 셈입니다.

마돈나의 트루스 오어 데어(2003)는 로베르트 피게의 프라카스(1948)와 매우 비슷합니다. 마돈나는 평소에 프라카스를 매우 좋아했던 것으로 알려져 있어요. 프라카스는 강렬한 튜베로즈와 가드니아가 들어간 폭탄이라고 할 만큼 화이트 플로럴이 집합되어 있는 향인데요. 트루스 오어 데어 역시 마찬가지입니다. 사라 제시카 파커의 러블리(2005)는 부드러운 화이트 머스크를 바탕으로 옅은 플로럴 향이 나고, 잔향은 우디함으로 끝나는데요. 나르시소의 포 허 EDP(2003)와 매우 비슷합니다.

셀러브리티 향수는 저렴하면서도 향이 좋은 편이라 잘 팔립니다. 팬이 아닌 소비자에게도 좋은 선택지예요. 예술적이고 실험적인 도전을 하면서 브랜드마다 고유한 방향을 추구하던 니치 향수가 점점 더 비싸지기만 한다는 비판을 맞닥뜨린 지금, 셀러브리티 향수는 매력적인 대안으로 보일 수밖에 없습니다.

2000년대에 등장했던 첫 번째 셀러브리티 향수 붐은 연예인들이 자기 이름을 내건 향수를 실제로는 쓰지 않는다는 사실이 파파라치 카메라에 잡히면서 사그라들었습니다. 2020년대 셀러브리티 향수의 복귀는 시장 경쟁력 때문이 아닌가 싶습니다. 고정 팬층이 있어서 실패할 가능성이 낮은 데다, 천정부지로 치솟는 고급 향수들의 가격에 부담을 느낀 소비자들에게도 저렴한 가격에 고급스러운 트렌드를 좇을 수 있는 대안으로 인식될 수 있으니까요.

✛ 로컬 브랜드: 새로운 선택지의 부상

2020년의 또 다른 트렌드는 로컬 브랜드입니다. 특히 국내에서 두드러지는 흐름이에요. 향수를 구입할 때 선택지의 대부분은 해외 브랜드였습니다. 샤넬이나 디올 등 디자이너 브랜드는 대부분 해외 브랜드이고, 니치 향수는 유럽, 미국 브랜드가 많죠. 최근에는 국내 향수 브랜드가 많이 성장했어요. 해외에서도 한국 향수에 대한 관심이 늘고 있습니다. 아모레 퍼시픽 같은 대기업이 롤리타 렘피카, 구딸 파리 등의 브랜드를 인수하여 산하에 두는 것은 이전에도 있었던 일이지만, 처음부터 국내에서 만들어지고 론칭된 향수 브랜드가 큰 성취를 이루는 사례가 나타나고 있어요.

대표적인 국내 향수 브랜드는 탬버린즈Tamburins 입니다. 2017년 론칭한 향 제품 및 화장품 브랜드로, 향수를 처음 출시한 것은 2022년이었어요. 한국 브랜드의 성장을 보여주는 분기점이라고 생각한 것은 블랙핑크의 제니가 탬버린즈의 광고 모델로 등장했을 때였어요. 한국뿐 아니라 전 세계 시장에서 영향력을 가진 케이팝Kpop 스타를 모델로 기용할 만큼 국내 브랜드의 경쟁력과 규모가 성장했다는 뜻이기 때문입니다. 2010년대 후반부터 명품 브랜드 앰버서더가 된 아이돌이 급격히 늘어날 정도로 케이팝 산업은 전 세계의 소비에 영향력을 미치고 있습니다. 탬버린즈 이전의 한국 로컬 브랜드는 국내 시장이 충분히 크지 않아 연예인 마케팅을 하기 어려웠어요. 대기업에서 론칭한 브랜드가 아니라면 말이죠.

탬버린즈의 제품들은 한국 소비자들에게 어필하기 좋은 특징을 갖고 있어요. 2020년대에 특히 국내에서 가볍고, 깔끔하고, 옅은 향이 트렌드가 되었는데요. 탬버린즈의 향수 중 많은 제품이 이런 특성을 갖고 있습니다. 복잡하고 풍부하기보다는 비교적 향의 변화가 적고 가벼운 향들이 많아요. 이 때문에 국내 소비자들도 쉽게 이해하고 선택할 수 있었던 것 같습니다. 2020년대 깔끔한 향의 트렌드, 해외 시장에서 늘어난 한국 브랜드와 문화에 대한 관심과 맞물려 주목받았다고 볼 수 있습니다.

시스올로지Sisology, 본투스탠드아웃Borntostandout도 해외에서 인지도가 있는 국내 브랜드입니다. 향수를 좋아하는 사람이라면 알고 있을 향수 전문 사이트 프래그런티카fragrantica.com에는 각 향수에 들어있는 노트, 향에 대한 비평과 평가, 향수 출시 소식, 관련 뉴스 등이 올라오는데요. 본투스탠드아웃과 관련한 기사와 비평도 많이 실려 있습니다. 대체로 이름에 대해서는 불호 의견이 많지만, 향자체는 호평을 받고 있어요. 시스올로지는 2024년 밀라노의 에센스 아트 퍼퓸 페어ESXENCE Art Perfume Fair에도 참여했는데, 여기에 한국 브랜드가 초청되었다는 것 자체가 이전과 달라진 국내 향수 브랜드의 입지를 보여줍니다.

전 세계적으로 한국 문화에 대한 관심이 늘어난 지금, 한국 향수 브랜드의 성장은 2020년대의 향수 트렌드 중 하나로 볼 수 있습니다. 전 세계적으로도 각국의 지역 브랜드가 늘어나고 있어요. 로컬 브랜드가 강세였던 브라질을 비롯해 튀르키예, 베트남 등에서도 로컬 브랜드가 등장해 경쟁력을 보이고 있습니다. 로컬 브랜드들이 늘어나면 그 나라의 감성과 문화에 부합하는 코드가 만들어지며 새로운 조합과 향료들이 발견될 가능성이 높아져요. 향수를 사랑하는 사람의 입장에서는 또 하나의 흥미로운 탐구 대상이 생길 것이라고 기대하고 있습니다. 지금까지 서구권의 향수 브랜드에서는 비서구권 지역을 모티프로 한 향수를 만들 때 서양 사람들이 해당 문화권에 갖고 있는 이미지를 투영하곤 했는데요. 실제로 그 문화권에서 자란 사람들이 만든 향수는 어떻게 다를지도 흥미로운 포인트입니다.

향수와 시대를 함께 바라볼 때

미국에서는 몇 년 전부터 많은 패션 블로거들이 현재 미국 사회의 보수화를 우려하면서 패션에서도 위험한 징조가 보인다고 경고해 왔어요. 추구미asthetic 스타일, 이상적으로 여겨지는 체형 등에서 사회의 영향을 받은 변화가 일어나고 있다는 거죠. 대표적으로 화려하거나 부를 과시하지는 않으면서 조용히 좋은 소재의 비싼 옷을 입는 올드 머니 스타일, 농장에서의 삶을 선망하는 코티지 코어, 몇 년 전에는 BBL Brazilian Butt Lift, 즉 브라질리언 엉덩이 시술로 대표되는 커다란 엉덩이를 선호하다 최근에는 다시 마른 체형을 선호하게 된 것이 여성의 권리를 제약하고 백인들의 체형과 미적인 스타일을 선호하는 사회 분위기와 연결되어 있다는 지적입니다.

2020년대의 가볍고 무난하고 위생적인 향을 좋아하는 트렌드가 코로나 이후 전 세계의 집단적 트라우마와 사회의 보수화와 어떻게 연결되어 있는지 생각하곤 합니다. 사회 분위기가 돌고 돌아 향수에까지 영향을 준다니 신기하게 느껴지기도 하지만, 음악이든 패션이든 향수든 인간의 손에서 나오는 것이니 사회 분위기에 영향을 받는 것은 당연한 것 같습니다. 노파심에 강조하고 싶은 것은 이런 스타일, 패션, 향, 체형 등을 추구하지 말라거나, 그러면 나쁜 사람이라거나, 무엇보다 그런 취향을 가진 사람들을 마구 비난하라는 의미가 아니라는 겁니다. 패션이든 향수든 체형이든 머리 스타일이든, 결국 우리가 주변 문화에 영향을 받아 자신을 표현하는 방법입니다. 사회 분위기에서 의식적 또는 무의식적으로 영향을 받아 표출하는 것이니 개인의 잘못이 전혀 아닙니다. 죄책감을 가질 필요도 없고, 남을 비난할 필요도 전혀 없습니다.

향에 대한 호불호는 마음대로 컨트롤할 수 있는 영역이 아니고, 개인의 경험이나 감정이 다양한 방식으로 섞여 만들어집니다. 저는 특정한 가죽 향을 맡으면 울렁거리는데요. 저에게 '아니야, 거칠고 자신만만하고 도전적인 모습을 보여야 해' 하며 그런 향을 억지로 뿌리게 하면 괴로울 겁니다. 좋아하지 않는 향수를 뿌리고 다닐 필요는 전혀 없습니다. 또한 트렌드는 대중과 사회, 산업의 끝없는 교류를 통해 만들어집니다. 커다란 트렌드가 형성되는 것은 개인의 참여 혹은 참여 거부와는 사실 상관이 없습니다. 한국에서 가볍고 무난한 향수가 선호되는 것은 한국인들이 장시간 노동을 하고, 대중교통에서 많은 시간을 보내고, 서양에 비해 홈 파티가 활성화되어 있지 않다는 특성 때문일 거예요. 이건 개인이 피할 수 있는 환경이 아니죠. 한국만 해도 5000만 인구인데, 전 세계적인 트렌드까지 보면 또 얼마나 많은 인구가 영향을 미치겠어요. 그러니 죄책감은 가지지 마시고, 향수 같은 어찌 보면 굉장히 미시적이고 사소해 보이는 것도 사회와 연결되어 있다는 것만 이해하고 즐겁게 즐기셨으면 좋겠습니다.

부 록

향수 뿌리는 법

향수를 뿌리는 법은 향수 자체의 특성과 날씨 등 상황에 따라 달라집니다. 여름에 너무 강렬한 향을 뿌리면 본인은 물론 근처의 다른 사람들에게도 너무 강하게 발향되어 아름다움을 느끼기보다는 두통을 겪기 쉽습니다. 여름에는 가볍고 신선한 향을 뿌리는 것을 추천해요. 서양에서 나오는 많은 향수 관련 책들은 여름밤에는 무거운 향을 뿌려도 된다고 조언하는데요. 밤이 되면 건조하고 선선해지는 유럽 기후에 적합한 팁이에요. 한국의 여름밤은 습하고 덥기 때문에 좋지 않아요. 반대로 겨울에는 평소보다 강렬한 향을 뿌려도 되는데요. 공기가 차가울 뿐 아니라 두꺼운 옷 때문에 향이 덜 발산되기 때문입니다. 그러나 대중교통을 오래 탄다면 겨울에도 양을 조절해 가며 뿌리는 것이 좋아요. 난방이 잘되는 지하철의 환기 안 된 꿉꿉한 공기 속에 갖가지 강렬한 향이 퍼지는 경험은 누구에게나 고역이니 말입니다.

보통 향수를 손목, 목, 귀 뒤에다 뿌리라고 하는데, 이런 설명을 듣고 양쪽 손목에 한 번씩, 목 앞과 뒤, 왼쪽, 오른쪽 귀 뒤에 한 번씩, 이렇게 총 여섯 번을 뿌리는 분들이 있습니다. 향수는 부향률, 즉 향 원액이 포함된 비율에 따라 비율이 낮은 것부터 오 드 코롱, 오 드 뚜왈렛, 오 드 퍼퓸 등으로 나뉘는데요. 오 드 코롱이라면 괜찮을 수도 있겠지만 다른 종류의 향수들은 이렇게 여러 번 뿌리면 향이 과하게 납니다. 일반적으로 손목 한 쪽에 뿌리고, 양쪽 손목을 서로 가볍게 톡톡 부딪혀 골고루 퍼지게 한 다음 목과 귀 뒤에 손목을 톡톡 부딪힙니다. 이때 비비지 않는 것이 좋아요. 피부의 먼지, 각질 등을 자극해 향을 즐기는 데 방해가 되기 때문입니다. 가끔 양 손목에 서로 다른 향수를 뿌리기도 하죠. 그럴 때는 왼쪽 손목을 왼쪽 목과 귀 뒤에 두드려 주고, 오른쪽 손목은 오른쪽 목과 귀 뒤에 두드려주는 식으로 두 가지 향수를 즐길 수 있어요.

후각은 우리 몸에서 가장 쉽게 피로해지는 감각이에요. 향수를 뿌리고 나서 시간이 조금 지나니 아무 향도 안 난다고 느낄 때가 있을 거예요. 실제로는 그저 우리 후각이 향에 익숙해져서 잘 느끼지 못하는 겁니다. 후각이 향을 화이트 노이즈처럼 처리한 거죠. 계속해서 더 뿌릴 필요는 없습니다. 오 드 코롱 기준으로 3시간에 한 번씩만 뿌려도 됩니다. 오 드 뚜왈렛, 오 드 퍼퓸은 더 긴 시간이 지나도 향이 남아 있겠죠.

머리카락에 뿌리는 분들도 봤어요. 워터 베이스 향수도 있지만, 대부분의 향수는 알코올 베이스로 만들어져요. 두피에 닿으면 피부를 자극해 탈모의 원인이 될 수 있고, 두피 자체에서 나는 체취와 섞여서 이상한 냄새가 날 수 있습니다. 겨드랑이나 발바닥 등 체취가 강한 부위에 향을 뿌리면 이상한 냄새가 나는 것과 같은 이치입니다. 굳이 머리카락에 뿌리고 싶다면, 어차피 상해서 잘라낼 머리카락 끝에 뿌리고 두피 근처는 피해 주세요.

가끔 시향지로 맡아본 향수의 향은 너무 좋은데 피부에 착향하면 내가 좋아했던 그 향은 사라지고 마음에 들지 않는 향이 날 때가 있습니다. 사람마다 체향과 체온, 피부의 촉촉함 등 여러 요소가 달라서 일어나는 현상인데요. 그럼에도 그 향을 즐기고 싶다면 옷에다 뿌리는 것을 추천드립니다. 옷은 땀이 안 나고 체온만큼 따뜻하지도 않아 살결에 뿌렸을 때보다 향이 훨씬 느리게 날아가서 오래 즐길 수 있어요. 다만 향수 제형 자체에 색이 있는 경우 흰색이나 밝은 색 옷에는 얼룩이 질 수 있으니 유의하시기 바랍니다.

향수 보관법

향수 보관하는 방법은 좋은 와인을 보관하는 방법과 비슷합니다. 향수는 기본적으로 알콜 성분이 대부분이고 여기에 향을 품은 오일이 들어가 있어요. 술과 비슷하게 열, 습도, 빛에 취약해요. 향수를 빛이 잘 드는 곳에 두면 보기에는 영롱하게 빛나서 아름답지만, 향이 변하기 쉽습니다. 특히 빈티지 향수는 더 주의해야 해요. 변향이라고 하는데요. 주로 탑 노트, 즉 처음에 뿌렸을 때 느껴지는 향이 변하기 쉬워요. 시트러스, 알데하이드, 그린 향 등입니다.

샤워나 화장을 한 후 뿌리기 위해 화장실에 비치해 놓는 분들도 많으실 거예요. 화장실은 습하고 조명이 밝을 뿐 아니라 수시로 온도가 변합니다. 샤워하기 전과 후 온도 차이가 커 향수를 보관하기에는 적합하지 않습니다. 여름이나 겨울에 다른 공간은 냉난방이 되어 시원하고 따뜻한데 화장실만 덥고 추운 경우도 있고요.

저는 옷장 안을 추천합니다. 어두워서 빛이 잘 안 들어오고, 습기 제거제를 옷장에 두는 경우가 많아서 습도가 낮아요. 온도 변화도 그리 심하지 않고, 냉난방이 어느 정도 유지됩니다. 와인 셀러나 미니 냉장고에 보관하는 분도 있는데요. 이 경우엔 향수를 뿌리기 위해 꺼내거나 문을 여닫을 때 온도 차가 생기기 때문에 유의하셔야 합니다. 향수장을 사용한다면 빛이 잘 들어오지 않는 곳에 두셔야 해요.

향수는 얼마나 오래 보관할 수 있을까요? 빈티지 향수를 수집한다고 하면, 유통기한이 지났을 텐데 문제가 없느냐는 질문을 자주 받습니다. 한국에서는 향수가 법적으로 화장품으로 분류되는데요. 화장품은 반드시 유통기한을 표시해야 해요. 그래서 향수에도 유통기한이 적혀 있어요. 그러나 향수는 매우 부향률이 높은, 즉 향 원액 함량이 높은 퍼퓸 엑스트레도 성분의 70%가 알코올이기 때문에 쉽게 변질되지 않습니다. 제가 가지고 있는 향수 중에는 100년이 넘은 것들이 몇 개 있고, 아직도 좋은 향이 납니다. 그러니 유통기한 안에 이 향수를 다 써버리지 않으면 상한다고 생각하실 필요는 없습니다. 잘 보관하면 매우 오래가는 것이 향수입니다.

향을 경험하는 방법

　향수를 구매할 때는 시향과 착향을 꼭 해보시기를 추천드립니다. 시향은 향을 시향지에 뿌려 맡아보거나 뚜껑 등에 남은 잔향을 맡아보는 것을 말하는데요. 직원에게 요청하면 됩니다. 향을 직접 맡아보지 않으면, 아무리 세세한 설명을 읽는다고 해도 알기 어렵습니다. 평생 해산물을 안 먹어본 사람에게 고등어의 맛을 말로 설명하기는 어려운 것처럼요.

　착향이란 시향지가 아닌 몸에 향수를 뿌려 테스트하는 것을 말합니다. 직원에게 요청하면 되니 부담 가지지 마시고 요청해 보세요. 착향이 필수적인 이유는 먼저 향수를 몸에 뿌렸을 때 사람마다 발향되는 방식이 모두 다르기 때문입니다. 체취나 체온 등으로 인해 향이 조금씩 달라지기도 하고, 때로는 극적으로 특정한 향이 강조되어 발향되기도 해요. 두 번째 이유는 시간에 따라 향이 달라지기 때문이에요. 첫 향은 좋았으나 시간이 지날수록 남는 향이 별로 마음에 들지 않을 때가 있습니다. 최근 출시되는 일부 향수들은 이목을 집

299

중시키는 인상적인 탑 노트를 가지고 있지만 뒤의 미들, 베이스 노트로 갈수록 개성이 없거나 향의 정체성이 흐릿해지기도 해요. 처음에는 향이 너무 좋았다가도 계속 맡다 보면 지루하거나, 어디서 맡아본 것 같은 느낌이 들 수 있습니다. 혹은 그냥 잔향 자체가 취향에 맞지 않을 수도 있죠. 향수는 시향지보다 피부에서 더 빨리 휘발되므로 이런 변화는 착향 시에 더 빠르게 나타납니다. 그러니 착향하고 충분히 시간을 가진 다음 구매해도 늦지 않습니다.

향 제품 관련 시장이 커지면서 국내에도 향을 경험할 수 있는 매장이 많아졌어요. 백화점에 다양한 브랜드가 입점하고, 향수 편집숍이 기하급수적으로 늘었습니다. 그러나 이런 매장들은 주로 서울과 수도권에 몰려 있습니다. 일부 니치 향수 브랜드는 서울 내에서도 특정 지역에서만 찾아볼 수 있고요. 접근성 때문에 직접 시향하러 가기 어려운 분들이 많아요. 선택의 폭이 너무 넓어지면서 오히려 고르기가 어렵다고 느끼기도 해요. 유명인이나 인플루언서가 사용하는 향수, SNS에서 유명한 향수를 골랐다 후회하기도 합니다.

직접 가서 시향하기 어렵다면, 몇 가지 대안이 있습니다. 우선 편집숍 중 시향지 서비스를 하는 곳이 있습니다. 시향지에 향수를 뿌린 것을 구매하는 방식이에요. 국내에서 향수 샘플을 소분하여 판매하는 것은 불법이에요. 향수를 사면 4ml, 2ml 미니어처를 증정하기도 하지만 이것도 판매용은 아니기 때문에 시향지 서비스가 생겨난 것 같습니다. 시향지 서비스를 검색하시면 여러 편집숍에서 이런 서비스를 제공하는 것을 확인할 수 있어요.

해외에서 샘플 향수를 직구하는 방법도 있어요. 해외에서는 샘플 소분 판매가 불법이 아니기 때문에 가능합니다. 특히 구하기 어려운 빈티지 향수더라도 샘플은 비교적 쉽게 구할 수 있어요. 저렴한 가격으로 다양한 경험을 할 수 있는 방법이라 추천합니다. 샘플을 판매하는 사이트는 Luckyscent, Noseparis, Jovoyparis, Scentsplit, Decantboutique, EssenzaNobile, PerfumeLounge 등이 있어요. The Perfumed Court는 빈티지 향수 샘플을 판매합니다. Etsy에서도 빈티지 향수 샘플을 구할 수 있지만, 판매자가 가품을 구별할 줄 몰라 가품을 판매하는 경우도 있으니 주의해야 합니다.

향수를 사기는 부담스럽고, 기본적인 향을 경험하고 싶다면 에센셜 오일과 친해지는 것도 방법입니다. 향수는 다양한 향을 섞어 만들지만 에센셜 오일은 대체로 한 가지 향을 내요. 향수는 특정한 향의 여러 특성들을 일부는 강조하고 축소해서 표현하죠. 향수가 더 복잡하고 풍부한 향이 나지만, 에센셜 오일로도 큰 줄기에서는 비슷한 뉘앙스를 느낄 수 있을 겁니다.

마지막으로 여러분의 코를 믿고 여러 향을 맡아보세요. 여름에는 향수에 자주 쓰이는 자두, 복숭아, 사과, 산딸기, 무화과 등 여러 과일이 나와 프루티한 향을 깊이 이해하기 좋습니다. 같은 복숭아라도 덜 익었을 때, 농익었을 때 껍질과 과육에서 나는 향이 조금씩 다릅니다. 풀잎을 꺾어 나오는 녹색 즙을 손에 묻혀 맡아보세요. 인도 요리나 이국적인 음식을 먹게 되면 여기에 쓰인 향신료의 향을 맡아보면 좋겠죠. 식물을 키운다면 다양한 허브의 잎을 따보기도 하고, 음식에 쓰기도 하면서 향을 탐구해 볼 좋은 기회입니다. 나무 향도 마찬가지로 가구점에서 나는 향, 살아있는 나무에서 떨어진 잔가지에서 나는 향, 껍질을 벗겼을 때 나는 향을 맡아보세요. 조금씩 다를 겁니다.

이렇게 향에 대한 다양한 경험이 쌓이면 향수를 즐길 때 더 깊은 이해가 생기는 것은 물론, 일상생활에서도 감각의 폭이 넓어질 거예요. 낙엽이 쌓인 공원을 걸을 때 풍겨오는 마른 낙엽의 향을 어떤 향과 매치하면 좋을까 하는 생각이 떠오르기도 하고, 와인을 마실 때 예전에는 느끼지 못했던 레드 커런트, 블랙베리 같은 향이 선명히 느껴지기도 했습니다.

자기 자신에 대해 알아가는 경험은 늘 소중합니다. 내가 무엇을 좋아하는지, 무엇을 싫어하는지 알게 되고, 그것을 더 구체적인 언어로 표현할 능력이 생기면 참 기분이 좋거든요. 어린아이가 자라면서 자신의 기분을 조금씩 더 섬세하게 표현하는 법을 배우는 것과 비슷해요. 다양한 향기를 경험하면서 나의 취향을 알아가는 거죠. 장미 향을 우디하게 표현한 것을 더 좋아하는구나, 메마른 느낌이 좋다, 살짝 매캐한 인센스와 타들어가는 허브 같은 향을 장미 향과 함께 연출하는 것을 선호한다, 이런 식으로 내가 좋아하는 향수의 매력을 포착하고, 공유하는 것도 즐거웠어요.

향수 취향 키우는 법

제가 향수를 좋아하기 시작한 2017~2018년에는 백화점에 가도 향수 종류가 정말 적었습니다. 샤넬, 디올 같은 명품 브랜드의 향수 몇 가지, 딥티크, 세르주 루텐 정도였고 나머지 품목들은 올리브영 같은 드럭스토어에 있는 것과 크게 다르지 않았습니다. 그때 제가 직구해야 했던 여러 향수들이 현재 한국에 들어온 걸 보면 참 감개무량합니다.

제 감격스러움과 별개로, 지금 향수 덕질을 시작하는 사람들은 참 힘들겠구나 싶어요. 선택지가 너무 많기 때문이죠. 시향을 해봐도 다섯 개 정도 맡고 나면 코가 피로해집니다. 그 다섯 개가 다 마음에 들 거라는 보장도 없어요. 특정한 향을 좋아한다고 해도, 향수마다 표현하는 방식이 너무 다양해 그 향들이 다 마음에 들지 않을 수 있습니다. 장미 향만 해도 가볍고 프레시한 장미, 달고 과일 향이 많이 나는 장미, 우디하고 어둡고 메마른 듯한 장미, 스파이시하고 따뜻한 장미, 파우더리한 장미까지 바로 생각나는 종류만으로도 다섯 가지입니다.

향수를 추천할 때 꼭 착향을 해보고, 다음 날에 향수를 사라고 말씀드려요. 몸에 직접 향수를 뿌렸을 때 어떤 느낌이 많이 올라올지 모르고, 첫 향은 좋아도 잔향은 싫은 경우가 많기 때문입니다. 저 같은 경우 아무아쥬의 아너 우먼에 튜베로즈 향이 들어갔다고 해서 궁금증에 뿌려봤는데, 제 몸에서는 1시간쯤 지난 후부터 튜베로즈 향보다는 제가 싫어하는 아쿠아틱한 향이 많이 나서 굉장히 후회한 적이 있습니다. 그래서 꼭 착향을 해봐야 하죠. 문제는 동시에 여러 가지를 시향하기가 더 어려워진다는 거예요. 팔에 뿌려 본다면 두 손목, 두 팔꿈치 안쪽까지 네 위치밖에 없거든요.

너무 선택지가 많아서 막막할 때 추천드리는 방법은 싫어하는 향을 알아내는 것입니다. 싫어하는 향이 있으면 그걸 피하는 게 먼저입니다. 저는 몸에서 에틸 말톨의 솜사탕 같은 향이 너무나 강하게 발향되기 때문에 에틸 말톨이 많이 들어간 향수는 피하곤 합니다. 아쿠아틱한 향을 내는 칼론도 제 몸에서는 물과 쇠 그 중간 어딘가의 향이 납니다. 이것 역시 피합니다. 물론 향수 경험이 많이 쌓이고 나중에 다시 돌아와서 맡아봤을 때 이런 아름다움이 있었구나! 하고 깨닫기도 하지만, 처음 시작할 때는 좋은 방법이에요.

두 번째로, 나와 맞는 향수 인플루언서를 찾는 거예요. 모든 사람들은 취향이 다르고 착향했을 때 올라오는 느낌도 다릅니다. 나와 취향이 비슷하고 뿌렸을 때 올라오는 향도 비슷한 사람을 찾아서 그 사람의 추천을 따르는 것도 빠르고 쉬운 방법입니다.

향수에 입문한 초기에 절대로 비싼 향수를 많이 사지 마세요. 한 병에 30만 원 가까이 하는 향수들을 여러 개 구입하는 건 경제적으로도 문제이지만, 보관하는 것도 문제입니다. 어둡고 건조하고 시원하며 온도가 일정하게 유지되는 곳에 보관해야 한다고 언급했었죠. 이런 공간은 제한적이에요. 특히 집값이 비싼 한국에서는 더더욱 어디에 향수를 놓아야 할지 고민되는 것이 사실이죠. 다양한 향수를 경험하고 싶다면, 해외 사이트에서 작은 용량을 구매하는 것을 추천드립니다.

마지막으로 향수를 즐기다 보면 같은 향료도 다 다르게 표현된다는 점을 알게 됩니다. 시대에 따라 어떤 특징을 가지게 되었는지를 생각하게 되죠. 이런 차이를 염두에 두고 향수를 맡다 보면 아주 즐거운 경험을 할 수 있어요. 티에리 뮈글러의 엔젤은 너무나도 특징적인 향이라 요즘 나온 향수를 맡다가 '아, 이건 엔젤의 영향을 받았군!' 하고 깨닫는 경우가 많습니다. 엔젤과 비교하며 맡아보면, 어떤 부분에서 다르고 같은지, 향수들이 어떻게 서로 영향을 주는지 생각해 보는 경험을 할 수 있습니다.

소비 중독에서 벗어나는 법

　조향사로 일하지 않는 이상, 향수는 특정한 전문적 지식을 뽐내는 자격증이 있는 취미가 아닙니다. 그러다 보니 마치 아이돌 덕질처럼 소비가 그 대상을 얼마나 사랑하는지 보여주는 지표로 취급되곤 해요. 내가 여기에 얼마를 썼다, 한국에서 구하기 어려운 향수를 구했다, 이렇게 비싼 향수다 하는 소비의 굴레에 빠지기 쉽습니다. 그러지 않으셨으면 좋겠습니다.

　아이돌 덕질이나 가챠 게임을 하다가 파산하거나 경제적으로 위기에 몰리는 사람을 많이 봤습니다. 그 사람 개인에게 도덕적으로 문제가 있어서 일어난 일이라고는 생각하지 않아요. 덕질의 환경이 돈을 써서 너의 사랑을 증명하라고 개인에게 요구하는 순간 돌이킬 수 없는 길을 걷게 됩니다. 나는 이것을 사랑하는가 하는 질문에서 시작해 나는 분명 사랑하는데, 내 사랑을 사람들이 알아주지 않을 것 같고, 증명하고 싶다는 생각을 하다 보면 과한 소비는 시간문제입니다. 향수 역시 마찬가지입니다.

향수는 새로운 트렌드가 등장하고, 유명인이 쓰는 향수가 알려지면 궁금증을 유발하기 쉬운 분야입니다. 다른 사람들이 모두 즐거워하고 호평하는 이 제품을 꼭 가져야 소외감을 느끼지 않을 것만 같습니다. FOMO fear of missing out를 겪는다고 할 수 있죠. 이렇게 말하면 개인의 의지만으로 대처할 수 있을 것 같지만 전혀 그렇지 않습니다. 인간은 공동체 생활을 하는 동물이고 인간관계에서 공감대를 나누는 것은 즐겁습니다. 공동체에서 소외되거나, 철 지난 이야기를 해서 사람들이 공감해주지 않는 일은 사람의 마음을 피폐하게 합니다.

향수라는 분야 자체가 소비 중독이 생기기 쉬운 특성을 갖고 있어요. 저는 주로 경매로 빈티지 향수를 사는데요. 경매를 하다 보면 소비 중독이 생기기 쉽습니다. 지금 사지 않으면 언제 이 가격에 또 나올지 모른다, 애초에 매물이 없을 것 같다는 생각이 드는 순간 굉장히 집착하게 됩니다. 저도 우비강의 빈티지 푸제르 로열 퍼퓸 엑스트레 경매를 놓친 적이 있어요. 아쉽다는 생각이 들지만 당시에는 제 예산 밖이었습니다. 리뷰 등 향수 콘텐츠를 올리겠다고 마음먹은 사람이라면 더 취약하죠. 콘텐츠에서 같은 향수를 몇 번씩 다시 리뷰하지는 않기 때문입니다. 가장 좋았던 향수 5개, 가을에 뿌리기 좋은 향수 5개 식의 목록에 겹치는 향수가 있을지언정 같은 향수를 몇 번씩이나 리뷰하는 경우는 없습니다. 한 번 리뷰한 향수가 계속 쌓이게 되는 것이지요. 되팔고, 유행하는 향수를 다시 사는 방법도 있지만 계속 소비를 하게 되는 건 매한가지입니다.

사람들은 비싼 향수일수록 좋을 거라고 막연히 생각하죠. 하지만 꼭 그렇지는 않습니다. 더 비싸니까 향료도 좋은 걸 썼겠지 생각하기 쉽지만 대부분의 향수에는 합성 향료가 들어갑니다. 피르메니히, 지보단 등 특정 합성 향료를 만드는 소수의 회사들이 공급하는 경우가 많죠. 가격이 저렴하다고 향수의 완성도가 꼭 낮지도 않습니다. 플로럴 향수 중에서 제니퍼 로페즈의 글로우도 잘 만든 향수라고 생각해요. 이 책에서 비싼 향수들이 많이 소개된 건 과거에 저렴한 향수를 내던 브랜드들의 대다수는 지금까지 살아남지 못했기 때문이에요. 이전에는 패션과 트렌드를 선도하는 디자이너 브랜드의 힘이 더 강력했기 때문이기도 합니다. 지금은 유튜브나 인스타그램 등 개인화된 매체의 영향으로 사람들의 취향이 파편화되어가고 있기 때문에 디자이너 브랜드의 힘이 이전 시대에 비해 줄어들었죠.

대중적인 것이 나쁜 것은 아닙니다. 잘 팔렸다는 건 그만큼 여러 사람들이 좋다고 생각했다는 뜻이니까요. 향수의 가격과 향의 퀄리티, 몸에서 어떻게 발향되는지는 모두 별개입니다. 가격이 높은 톰 포드의 네롤리 포르토피노와 제르조프의 니오도 정말 좋은 시트러스 향수지만, 100ml에 3만 원이 안 되는 가격에 구매할 수 있는 4711의 오리지널 오 드 코롱도 매우 좋은 시트러스 향수입니다.

불안 못지 않게 사람의 집착적인 행동을 유발하는 것이 바로 분노입니다. 분노 중독이라는 말도 있죠. 왜 저 사람은 나보다 향에 대해 잘 모르면서 더 많은 사람들의 관심을 받을까? 저 사람은 왜 저런 향수나 좋아하지? 하는 생각이 들기 시작하면 일단 멈추시기 바랍니다. 틀린 취향이란 있을 수 없습니다. 모든 사람들이 당신이 좋아하는 것을 똑같이, 같은 방식으로, 같은 정도로 좋아할 필요는 없습니다. 그런 일이 일어나게 된다면 굉장히 재미없는 세상이 되겠지요. 꾸준히 내가 좋아하는 것에 집중하는 편이 더 건설적입니다.

저는 프래그런티카에서 발견한 소비 중독에 대한 글에서 많은 도움을 받았습니다.[*] 다음과 같은 질문을 해보고 스스로의 소비 중독을 점검해 보라는 내용이에요.

1. 당신과 가까운 사람이나 가족들에게 주기적으로 얼마나 많이 돈을 쓰고 있는지 거짓말할 충동이나 필요를 느낍니까?

---

* John Biebel, Dear Fragrantica: When Does Collecting Fragrances Become an Addictive Habit?, Fragrantica

2. 향수 구매가 실패, 두려움, 분노, 스트레스에 대한 반응이라고 느낍니까?

3. 향수를 구매할 때 희열과 동시에 불안감을 느낍니까?

4. 향수를 구매한 것에 대해 죄책감이나 후회가 듭니까? 특히, 자기 자신이나 다른 사람들에게 이 습관을 바꾸겠다고 했는데도 구매해 버렸다는 것에 대해 더욱 그런 감정을 느낍니까?

여기에 다음과 같은 질문을 추가하고 싶습니다.

5. 저 향수 하나만 더 사면 행복해질 것 같습니까? 그 향수가 모든 문제를 해결해줄 것 같거나, 특정 향에 통달하게 해줄 것 같다는 등의 과도한 기대를 하고 있지는 않습니까?

6. 블로그나 인스타그램, 유튜브, 커뮤니티 등에서 극찬을 받은 향수 리뷰를 읽었을 때, 지금 당장 갖지 못하면 괴롭고 뒤쳐지는 것 같고 불안한 같은 느낌이 드십니까?

그리고 여기에 하나라도 해당되면 다음과 같이 행동하기를 추천합니다.

1. 구매 전 살 것의 목록을 정해 놓아 충동 구매를 막습니다.

2. 과하게 쇼핑하는 것을 막아줄 친구나 다른 지인, 가족을 쇼핑 장소에 데려갑니다.

3. 다음 구매를 하기 전까지 기다리는 기간을 늘립니다.

4. 정말 이 향수가 꼭 필요한지 스스로에게 질문해 봅니다.

5. 스트레스나 실망을 풀 수 있는 다른 방법을 생각해 봅니다.

6. 향수 취미를 가진 다른 사람들 중 중독에 빠졌던 사람들과 대화하여, 어떤 방식으로 빠져나왔는지 물어봅니다.

여기에 몇 가지를 추가하고 싶습니다.

7. 굳이 사야 한다면 본품이 아니라 미니어처나 샘플, 혹은 트래블 사이즈로 사는 것을 추천합니다. 더 저렴하기 때문에 재정적 부담이 덜합니다. 그렇다고 양을 늘리지는 말고, 정해진 양만 사세요.

8. 빈티지 향수의 경우, 꼭 필요하면 샘플을 파는 사이트와 사람들이 있으니 굳이 경매 사이트나 빈티지 판매 사이트에서 새로고침을 누르며 시간을 보내지 말고 샘플로 구입하세요.

9. 나의 행동에 대해 재고해 보세요. 향에 대해 아무것도 모르는 사람이 당신을 통해 향수에 더 관심을 가질 것 같은가요? 아니라면,

당신에게 뭔가 문제가 있을 가능성이 높습니다.

10. 향수 리뷰 블로그, 유튜브, 인스타그램, 기타 커뮤니티를 끊고 몇 주, 혹은 몇 개월 동안 다른 것을 하거나 푹 쉬세요.

11. 비슷한 다른 향이 있으면 굳이 살 필요가 없습니다.

12. 위와 같은 행동으로 교정되지 않았다면 심리상담센터를 찾아보는 것이 좋습니다.

향수 취향을 만들어 가는 과정에서 돈은 물론 시간도 많이 쓰게 됩니다. 향수를 맡고 경험하는 시간을 통해서 자신의 취향을 찾아가야 하니까요. 저도 구매한 다음 이건 과소비다 싶어 후회한 향수가 있고, 향수에 시간을 너무 많이 쓰는 것 같아 심각한 고민에 빠진 적도 있습니다. 그런 일이 없길 바라지만 당신에게도 그런 일이 일어날 수 있습니다. 괜찮습니다. 무언가 이상하다 느끼는 것 자체가 문제 해결의 첫걸음이니 너무 괴로워하지 마세요. 자책하고 수치심을 느끼는 것은 문제 해결에 그리 도움이 되지 않습니다.

우리는 앞으로도 오래오래 살 겁니다. 취향을 찾는 것은 결국 내가 무엇을 좋아하고 무엇을 싫어하는지를 찾는, 나 자신에 대한 여정을 떠나는 일입니다. 굳이 모든 것을 지금, 당장 즐길 필요는 없어요. 향수뿐 아니라 다른 모든 취미도 마찬가지예요. 내 시간에, 내 속도에, 내 재정 상황에 맞게 천천히 알아가셔도 괜찮습니다. 한 가지 향수를 뿌려보고 다음 향수로 넘어가는 것을 반복하는 것 말고도 같은 향수를 다시, 또 다시 맡아보며 음미하는 것도 의미 있는 방법이고요. 쫓기는 느낌, 집착하는 것 같다는 의심, 진정성을 증명할 수 있을까 하는 불안감 없이 편하게 자신의 속도에 맞춰 취향을 가꿔가셨으면 좋겠습니다.

현대 향수의 탄생부터 니치 향수까지

향수의 계보학

ISP 지음

초판 1쇄 발행 2025년 2월 10일

발행·편집 파이퍼프레스
디자인 정나영 (@warmbooks_)

파이퍼
서울시 마포구 신촌로2길 19, 3층
전화 070-7500-6563
이메일 team@piper.so

논픽션 플랫폼 파이퍼
piper.so

ISBN 979-11-94278-08-5 (03590)